TensorFlow 机器学习

[美] 尼山特·舒克拉（Nishant Shukla） 著

刘宇鹏　杨锦锋　滕志扬　译

U0321435

机械工业出版社

CHINA MACHINE PRESS

图书在版编目（CIP）数据

TensorFlow 机器学习 /（美）尼山特·舒克拉（Nishant Shukla）著；刘宇鹏，杨锦锋，滕志扬译 .—北京：机械工业出版社，2019.9

书名原文：Machine learning with TensorFlow

ISBN 978-7-111-63612-0

Ⅰ.①T… Ⅱ.①尼…②刘…③杨…④滕… Ⅲ.①机器学习 Ⅳ.① TP181

中国版本图书馆 CIP 数据核字（2019）第 195478 号

机械工业出版社（北京市百万庄大街 22 号　邮政编码 100037）
策划编辑：林　桢　责任编辑：林　桢　陈崇昱
责任校对：潘　蕊　封面设计：鞠　杨
责任印制：孙　炜
保定市中画美凯印刷有限公司印刷
2019 年 11 月第 1 版第 1 次印刷
184mm×240mm·13 印张·294 千字
标准书号：ISBN 978-7-111-63612-0
定价：69.00 元

电话服务　　　　　　　网络服务
客服电话：010-88361066　机 工 官 网：www.cmpbook.com
　　　　　010-88379833　机 工 官 博：weibo.com/cmp1952
　　　　　010-68326294　金 书 网：www.golden-book.com
封底无防伪标均为盗版　机工教育服务网：www.cmpedu.com

原书序

我和同时代的人一样，也一直沉迷于最新的在线趋势。我记得大约在 2005 年，自己还在无休止地刷新 FARK、YTMND 和 Delicious 的娱乐信息和新闻。现在，我在 Reddit 和 Hacker News 之间进行切换，这让我目睹了 TensorFlow 在 2015 年 11 月 9 日的隆重亮相。当时那篇文章出现在 Hacker News 首页的顶部，并收到了数百条评论——这些盖过了网站上的其他任何内容。

那时，机器学习工具已经被分成不同的门类，且整个生态系统依赖于来自学术实验室的实验软件包和行业巨头的专有解决方案。当谷歌公司展示 TensorFlow 时，社群的反应不一。虽然谷歌公司有淘汰大众喜爱的服务（如谷歌阅读器、个性化谷歌、Knol 和谷歌 Wave）的历史，但该公司也有扶持开源项目（如 Android、Chromium、Go 和 Protobuf）的历史。

对于 TensorFlow 这样的新技术，该出手时就得出手。尽管有许多人会选择等到相关资料丰富后再使用 TensorFlow，但也有一些人已经决定开始使用它。我在第一时间就学习了官方文档，掌握了基本知识，并准备将这项技术应用于我在加州大学洛杉矶分校的博士研究项目中。我努力地积累笔记，不过当时还不知道自己积累的用于学习 TensorFlow 的文档将来会成为一本书。

大约在那个时候，Manning 出版社的一位编辑与我联系，就一本 Haskell 新书的不同意见与我沟通——这是他们工作流程的一部分，因为我是 *Haskell Data Analysis Cookbook*（Packt 出版社，2014）的作者。你现在正在阅读的这本书的写作就开始于我当时的回复："另一方面，你有没有听说过谷歌公司新推出的机器学习库 TensorFlow？"

本书从传统机器学习的内容出发，你在任何机器学习的书中想获得的主题都能在本书中找到，但它覆盖的主题缺乏在线教程。例如，很难找到隐马尔可夫模型（HMM）和强化学习（RL）的在线 TensorFlow 实现教程。编辑本书时的每一次修改都引入了更多概念，而这些概念目前还无法找到足够的现有资源。

对于想要探索机器学习的初学者来说，在线 TensorFlow 教程通常过于简单或过于复杂。本书的目的是为了填补这些空白，我相信它能做到这一点。如果你是机器学习或 TensorFlow 的新手，那么你会很欣赏本书的务实风格。

原书前言

无论你是机器学习新手还是 TensorFlow 新手，本书都将成为你的优秀指南。你需要使用 Python 中的面向对象编程的知识来理解一些代码清单，除此之外，本书还介绍了机器学习的入门基础。

线路图

本书分为三个部分：

第一部分首先探讨机器学习是什么，并强调 TensorFlow 的关键作用。第 1 章介绍了机器学习的术语和理论，第 2 章介绍了开始使用 TensorFlow 时需要了解的所有内容。

第二部分介绍了经受住时间考验的基本算法。第 3~6 章分别讨论回归、分类、聚类和隐马尔可夫模型。你可以在机器学习领域找到这些算法。

第三部分揭示了 TensorFlow 的真正能量：神经网络。第 7~12 章分别介绍了自编码器、强化学习、卷积神经网络、循环神经网络、序列到序列模型和应用程序。除非你是经验丰富的 TensorFlow 用户，并且拥有多年的机器学习经验，否则我强烈建议你先阅读第 1 章和第 2 章。除此之外，你也可以随意跳过书中的内容自由学习。

源代码

本书中的想法永远也不会过时，同时还有社区的支持，代码清单也是如此。你可以在本书英文版的网站 www.manning.com/books/machine-learning-with-tensorflow 上找到源代码；而软件也将在本书英文版的官方 GitHub 存储库（https://github.com/BinRoot/TensorFlow-Book）上保持最新。我们期望你能通过发送请求或通过 GitHub 提交新问题来为存储库做出贡献。

书籍论坛

你可以访问由 Manning Publications 运营的网络论坛，并可以在其中对本书发表评论，提出技术问题，从作者和其他用户那里获得帮助。要访问论坛，请登录 https://forums.man-ning.com/forums/machine-learning-with-tensorflow。你还可以登录 https://forums.manning.com/forums/about，了解有关 Manning 论坛和活动规则的更多信息。

Manning 出版社对读者的承诺是提供场所，让读者之间以及读者与作者之间进行有意义的对话。这并不是说对作者有任何具体参与次数的要求，因为作者对论坛的贡献是自愿的（而且是无偿的）。我们建议你尝试向作者提出一些具有挑战性的问题，以提起他的兴趣！只要本书还在销售，论坛和讨论的档案就可以从出版商的网站上获取。

目　录

第一部分

机器学习套装

第一次学习侧方位停车通常是一项令人生畏的挑战。因为最初的那几天要用来熟悉按钮、辅助影像和发动机的灵敏度。机器学习和 TensorFlow 库也遵循类似的规程。在应用最先进的人脸识别或股票市场价格预测的策略之前,首先必须备齐工具。

确定一个良好的机器学习套装有两个方面的事情要做。首先,如第 1 章所述,必须要了解机器学习的术语和理论。研究人员已经在文献中给出了精确的术语和公式,以便在这个领域进行学习沟通,因此最好采取同样的形式以避免混淆。其次,要掌握第 2 章介绍的开始操作 TensorFlow 时需要了解的所有内容。如同军人有武器,音乐家有乐器一样,机器学习的从业者也应该有 TensorFlow。

第 *1* 章
机器学习旅程

本章要点

- 机器学习基础
- 数据表示、特征和向量规范
- 为什么选择 TensorFlow

你有没有想过计算机程序可以解决的问题是否有限制？如今，计算机所能做的事似乎比解开数学方程式要多得多。在过去的半个多世纪中，编程已成为自动化任务和节省时间的终极工具，但我们可以达到的自动化程度有多少，以及我们如何实现这一目标？

计算机可以观察一张照片并说："啊哈，我看到一对可爱的情侣在雨中撑着伞走过一座桥"。但软件能否像经过培训的专业人员那样准确地做出医疗决定？软件对股票市场的预测能否比人类推理更好？过去十年的成就暗示所有这些问题的答案是肯定的，并且这些实施方法似乎有一个共同的策略。

最近的理论进步加上新的可用技术使得任何能够访问计算机的人都能够尝试自己的方法来解决这些难题。这就是你读本书的原因，对吧？

程序员不再需要知道问题的复杂细节就可以解决它。考虑将语音转换为文本：传统方法可能涉及通过使用许多手工设计的、特定领域的、不可推广的代码片段来理解人类声带的生物结构以破译话语。如今，只要有足够的时间和样本，就可以编写代码来查看许多样本，并找出如何解决问题的方法。

算法从数据中学习的方式，类似于人类从经验中学习的方式。人类通过阅读书籍、观察情境、在学校学习、交流对话和浏览网站等方式来学习。而机器如何才能开发出能够学习的大脑？虽然目前还没有明确的答案，但世界级的研究人员已从不同角度开发了智能程序。在这些实现中，学者们已经注意到在解决这些问题时反复出现的模式，这些问题导致今天我们把**机器学习**（Machine Learning，ML）作为一个标准化领域。

随着机器学习研究的成熟，这些工具将变得更加标准化，更加强大，同时也具备了高性能和可扩展的优点。这就是 TensorFlow 的用武之地。这个软件库拥有一个直观的界面，让程序员可以使用复杂的机器学习思想。下一章介绍这个库的细节，之后的每一章都将解释如何为各种机器学习应用程序使用 TensorFlow。

信任机器学习输出

模式检测不再是人类独有的天赋。计算机主频和内存的爆炸性增长使得我们处于快速发展的时期：现在可以使用计算机进行预测和捕捉异常，并对项目进行排名以及自动标记图像。这套新工具为不明确的问题提供了智能答案，但却以微妙的信任成本为基础。你是否相信计算机算法也能够给出重要的医疗建议，例如诊断是否进行心脏手术？

一般的机器学习解决方案在人们的心目中没有地位。人类对于机器的信任太低了，机器学习算法必须足够强大以回应这种质疑。

1.1　机器学习基础

你有没有试过向别人解释如何游泳？描述节奏性的关节运动和流体模式的复杂性是那样的令人崩溃！同样，一些软件问题太过复杂，以致我们绞尽脑汁也无计可施。因此，机器学习可能只是一种工具。

通过精心调试算法以完成工作曾经是构建软件的唯一方法。从简单的角度来看，传统编程假设每个输入都有一个确定的输出。另一方面，机器学习可以解决输入 - 输出对应关系未被充分理解的一类问题。

> **全速前进！**
>
> 机器学习是一种相对年轻的技术，所以想象一下你就是欧几里得时代的几何学家，可以为新发现的领域铺平道路。或者自认为是牛顿时代的物理学家，正在机器学习领域思考相当于广义相对论的理论。

机器学习可以看成是从以前经验中学习的软件。随着有越来越多的样本可用，这种计算机程序的性能将有所提高。如果你在这种机制下投入了足够多的数据，它将学习到模式并对新的输入产生智能结果。

机器学习的另一个名称是**归纳学习**（Inductive Learning），因为代码试图从数据中简单地推断出结构。这就像在外国度假，阅读当地的时尚杂志，模仿如何打扮。你可以从穿着当地服饰的人的图像中了解当地的文化。此时，你就在以归纳方式学习。

在编程时，你可能从未使用过这种方法，因为并不是所有的问题都需要归纳学习。例如考虑确定两个任意数的和是偶数还是奇数的问题。当然，你可以想象用数百万个训练样本来训练机器学习算法（见图 1.1），但你肯定知道这太过分了。有一种更为直接的方法可以很容易地解决问题。

输入	输出
$x_1 = (2, 2) \rightarrow$	$y_1 = $ 偶数
$x_2 = (3, 2) \rightarrow$	$y_2 = $ 奇数
$x_3 = (2, 3) \rightarrow$	$y_3 = $ 奇数
$x_4 = (3, 3) \rightarrow$	$y_4 = $ 偶数
...	...

图 1.1 当每对整数求和时，会产生偶数或奇数。输入和输出的这种对应关系称为基础事实数据集

例如，两个奇数之和总是偶数。说服自己：取两个奇数进行求和，然后检查它们的和是否为偶数。以下是你如何直接证明这一事实：

- 对于任何整数 n，公式 $2n + 1$ 产生一个奇数。此外，对于某些值 n，任何奇数都可以写为 $2n + 1$。例如，数字 3 可写为 $2(1)+ 1$，数字 5 可写为 $2(2)+ 1$。
- 假设我们有两个奇数，$2n + 1$ 和 $2m + 1$，其中 n 和 m 是整数。两个奇数相加得到 $(2m +1) + (2n + 1) = 2m + 2n + 2 = 2(m + n + 1)$。这是一个偶数，因为 2 乘以任何数都是偶数。

同样，我们发现两个偶数之和也是偶数：$2m + 2n = 2(m + n)$。最后，我们还可以推导出偶数与奇的和是一个奇数，即 $2m +(2n + 1)= 2(m + n)+ 1$。图 1.2 更清楚地表示了这个逻辑。

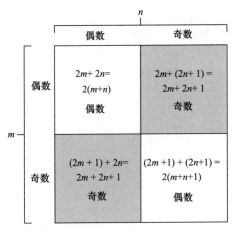

n

	偶数	奇数
偶数	$2m+2n=$ $2(m+n)$ 偶数	$2m+(2n+1)=$ $2m+2n+1$ 奇数
奇数	$(2m+1)+2n=$ $2m+2n+1$ 奇数	$(2m+1)+(2n+1)=$ $2(m+n+1)$ 偶数

图 1.2　输出响应与输入对之间的内在逻辑

　　在完全不使用机器学习的情况下，你可以在任何人抛给你整数后就解决这个问题。虽说直接应用数学规则可以解决这个问题，但是在机器学习算法中，我们可以将内部逻辑视为一个**黑盒**（Black Box），这意味着内部发生的逻辑可能并不明显，如图 1.3 所示。

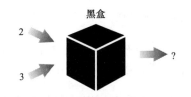

图 1.3　机器学习解决问题的方法可以被认为是调整黑盒中的参数直到它产生满意结果

1.1.1　参数

　　有时，设计出将输入转换为相应输出的算法的最佳方法的过程会十分复杂。例如，如果输入的是表示灰度图像的一系列数字，则可以想象编写算法以标记图像中每个对象的难度将会有多大。当内部运作得不到充分理解时，机器学习就可以派上用场。它为我们提供了一个编写软件的工具集，而不必定义算法的每个细节。程序员可以保留一些未定义的值，让机器学习系统自己找出最佳值。

　　未确定的值称为**参数**，描述称为**模型**。你的工作是编写一个算法来观察现有样本，找出最佳的调整参数以获得最佳模型。哇，真绕口！不过别担心，这个概念将是一个反复出现的主题。

机器学习可以在没有太多洞察力的情况下解决问题

　　通过掌握归纳解决问题的艺术，我们获得了一把双刃剑。虽然机器学习算法在解决特定任务时可能表现良好，但追踪演绎步骤以理解结果产生的原因却有可能不是那么直接。一个精心设计的机器学习系统可能学习了数千个参数，但解开每个参数背后的含义有时却并不是主要任务。考虑到这一点，一个充满魔力的世界正在为我们打开。

练习 1.1

　　假设你已经收集了三个月以来的股票市场价格。你希望预测未来的趋势，以获取货币收益。不使用机器学习，你该如何解决这个问题？（正如你将在第 8 章中看到的那样，使用机器学习技术可以解决这个问题。）

答案

　　信不信由你，精心设计的规则才是定义股票市场交易策略的常用方法。例如，人们经常使用"如果价格下降 5%，就购买一些股票"这样简单的算法。请注意，这里并未涉及机器学习，只是传统逻辑。

1.1.2　学习和推理

　　假设你正试图在烤箱里烤甜点。如果你是新手，可能需要数天时间才能找到合适的组合和完美的配料比例以制作出味道鲜美的食物。如果你碰巧发现了最终的美味佳肴，那么通过记录食谱你就可以回忆如何快速制作出同样美味的甜点。

　　同样，机器学习也存在这种食谱的想法。通常，我们分两个阶段检查算法：**学习和推理**。学习阶段的目标是描述数据，称为**特征向量**，并在**模型**中对其进行汇总。这个模型就是我们的食谱。实际上，该模型是一个具有几个开放式解释的程序，数据有助于消除歧义。

　　注意　特征向量是数据的实际简化。你可以将其视为对现实世界对象的摘要，并将其归入属性列表。学习和推理步骤依赖于特征向量而不是直接数据。

　　与其他人可以分享并使用食谱的方式类似，其他软件也可以重复使用学习到的模型。学习阶段是最耗时的。运行算法可能需要数小时、数天或数周才能收敛到可用的模型。图 1.4 概述了学习流程。

训练数据　　特征向量　　学习算法　　模型

图 1.4　学习方法通常遵循结构化配方。首先，数据集需要转换表示形式，通常是可以由学习算法使用的特征列表。然后，由学习算法选择一个模型并有效地搜索模型参数

　　推理阶段使用该模型对前所未见的数据进行智能预测。这就像你在使用从网上找到的食谱一样。推理的过程通常比学习所用的时间少几个数量级；推理可以足够快地处理实时数据。推理就是在新数据上测试模型，并观察模型在此过程中的性能，如图 1.5 所示。

图 1.5 推理方法通常使用已经学习到的或给出的模型。在将数据转换为可用的表示形式（例如特征向量）之后，使用该模型来产生预期的输出

1.2 数据表示和特征

数据是机器学习的一等公民。计算机只不过是复杂的计算器，因此我们为机器学习系统提供的数据必须是数学对象，如向量、矩阵或图形。

特征这一概念是所有表示形式的基本主题，它是对象的可观察属性：

- 向量具有扁平和简单的结构，它是大多数数据在真实世界机器学习应用中的典型代表。它有两个属性：用自然数表示的向量的**维度**和向量的**类型**（如实数、整数等）。整数二维向量的一些例子是（1，2）和（-6，0）。实数三维向量的一些例子是（1.1，2.0，3.9）和（Π，Π/2，Π/3）。现在我们可以理解一组相同类型的数的概念了。在使用机器学习的程序中，向量可以量度数据的属性，例如颜色、密度、响度或接近度——你可以用一系列数来描述任何东西，每个被测量的东西都有一个数。
- 此外，向量的向量是一个**矩阵**。如果每个特征向量描述数据集中一个对象的特征，则矩阵描述的就是所有对象；外部向量中的每个项目都是一个节点，它是一个对象的要素列表。
- 另一方面，**图**更具表现力。图是对象（**节点**）的集合，可以与**边**连接在一起以表示网络。图结构能够表示对象之间的关系，例如在情感网络或地铁系统的线路中。因此，图在机器学习应用程序中管理起来非常困难。在本书中，我们的输入数据很少会涉及图结构。

特征向量是对可能太复杂而又无法处理的现实世界数据的实际简化。特征向量不会关注数据项的每个细节，而是注重实际的简化。例如，现实世界中的汽车远远超过用于描述它的文字。一位汽车推销员试图把汽车卖给你，而不是说出或写下无法理解的语言。这些词只是抽象概念，类似于特征向量只是对数据的描述。

以下场景将进一步解释这一点。当你进入新车市场时，必须密切关注不同品牌和型号的每个细节。毕竟你要花几千美元。你可能会记录每辆车的功能列表，并来回比较它们。这个有序的特征列表就是特征向量。

在购买汽车时，你可能会发现比较里程要比一些你不感兴趣的相关数据（如重量）更好。要跟踪的特征数量也必须恰到好处：不要太少，否则你将丢失掉关心的信息，也不能太多，否则将难以跟踪并且耗费时间。为选择测量次数和比较测量值所付出的这种巨大努力称为**特征工程**。根据你所检查的特征，系统的性能会发生巨大波动。选择要跟踪的正确特征可以弥补弱的学习算法的不足。

例如，在训练模型以检测图像中的汽车时，如果先将图像转换为灰度图，则可以获得性能和速度方面的巨大提升。通过在预处理数据时加入一些自己的偏好，会对算法有很大的帮助，因为在识别汽车时不需要了解颜色。相反，该算法可以专注于识别形状和纹理，这将带来比尝试处理颜色更快的学习。

机器学习中的一般经验法则是更多数据产生更好的结果。但是拥有更多特征并不总是如此。虽然违反直觉，但如果你跟踪的特征数量太多，性能就可能会受到影响。随着特征向量维数增加，用代表性样本填充所有数据空间时需要指数级数据。因此，如图 1.6 所示，特征工程是机器学习中最重要的问题之一。

图 1.6　特征工程是为任务选择相关特征的过程

维度的诅咒

为了准确地模拟真实数据，我们显然需要一个或两个以上的数据点。但是需要多少数据取决于各种因素，包括特征向量维数。添加太多特征会导致描述空间所需的数据点数量呈指数级增长。这就是为什么我们不能只设计一个 1000000 维度的特征向量来覆盖所有可能的因素，然后我们只能期望通过算法学习模型。这种现象被称为维度的诅咒。

你可能不会马上理解，但当你决定要观察哪些特征值时，就会领会这件事情。几个世纪以来，哲学家们一直在思考**身份**的意义；你可能没有立即意识到这一点，但你已经通过选择特定特征来得到**身份**的定义。

想象一下，编写一个机器学习系统来识别图像中的面部。成为一张脸的必要特征之一就是两只眼睛的存在。这暗示着一张脸现在被定义为有眼睛的东西。你是否意识到这会让你陷入困境？如果一个人是在闪光下被照的照片，探测器将找不到这张脸，因为它找不到两只眼睛。当人眨眼时，该算法也将无法识别出脸部。面部的定义开始时就是不准确的，并且从识别失败的结果中可以看出。

对象的身份被分解为组成它的特征。例如，如果你跟踪的那辆汽车的特征与另一辆车的相应特征完全匹配，那么从你的观点来看它们可能无法区分。你需要向系统添加另一个特征才能将它们分开，否则你会认为它们是同一个项目。手工制作特征时，你必须非常小心，不要陷入这种身份认定的困境中。

练习 1.2

假设你在教一个机器人如何折叠衣服。感知系统看到衬衫放在桌子上，如下图所示。你可以将衬衫作为一个特征向量，以便可以比较不同的衣服。你需要确定哪些特征对跟踪最有用。（提示：服装零售商使用什么类型词来描述他们的服装？）

一个机器人正在试着折叠衬衫。衬衫有什么好的特征可以跟踪？

答案

宽度、高度、x 对称性得分、y 对称性得分和平直度是折叠衣服时观察到的良好特征。而颜色、布料质地和材料则大多是不相关的。

练习 1.3

现在，代替检测衣服，你雄心勃勃地决定检测任意对象；下图显示了一些例子。有哪些显著的特征可以很容易地区分物体？

这里有三个物体的图片：一盏灯、一条裤子和一只狗。为了比较和区分物体，你应该记录下一些很好的特征，它们是什么？

答案

　　观察亮度和反射可以帮助区分灯和其他两个物体。裤子的形状通常遵循可预测的模板，所以形状将是另一个很好的跟踪特征。最后，纹理可能是一个突出的特征，通过它可以区分狗和其他两类的图片。

　　构建特征是一种令人耳目一新的理论方法。对于那些总是喜欢逃避深思熟虑的人而言，有必要去考虑一下特征选择这个仍然公开的问题。幸运的是，为了缓解广泛的辩论，最近的进步已经可以自动获取这些特征。你可以在第 7 章自己尝试一下。

在学习和推理中使用特征向量

　　学习和推理之间的相互作用给机器学习描绘了一个完整的画面，如下图。第一步是用一个特征向量来表示现实世界中的数据。例如，我们可以用一组数值向量来表示图像的像素强度（我们将在后续章节中探讨怎样表示图片的更多细节）。我们可以展示学习算法的真实标签（如 Bird 或 Dog）以及每个特征向量。只要有足够的数据，算法就可以生成学习模型。我们可以使用其他真实世界中的数据模型来发现以前未知的标签。

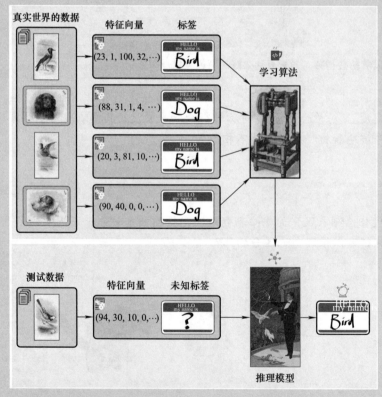

特征向量是由机器学习的学习和推理这两部分所构成的真实世界的数据表示的。输入到算法中的并不是真实世界的图像，而是它的特征向量。

1.3　距离度量

如果你有想购买汽车的特征向量，你可以通过在特征向量上定义距离函数来确定哪两个最相似。比较对象间相似性是机器学习的重要组成部分。特征向量允许我们表示对象，以便我们可以通过各种方式来比较它们。标准方法是使用**欧几里得距离**，它是考虑空间中点时最直观的几何解释。

假设我们有两个特征向量：$x = (x_1, x_2, \cdots, x_n)$ 和 $y = (y_1, y_2, \cdots, y_n)$。欧几里得距离 $\| x-y \|$ 计算方法为

$$\sqrt{(x_1 - y_1)^2 + (x_2 - y_2)^2 + \cdots + (x_n - y_n)^2}$$

例如，（0,1）和（1,0）之间的欧几里得距离为

$$\| (0,1) - (1,0) \| = \| (-1,1) \|$$
$$= \sqrt{(-1)^2 + 1^2}$$
$$= \sqrt{2} = 1.414\cdots$$

学者称之为 **L2 范数**。但这只是许多可能的距离函数之一。因为还存在 L0、L1 和 L-∞ 范数。所有这些规范都是衡量距离的有效方法。在这里给出更多的详细说明：

- **L0 范数**用于计算向量的非零元素的总数。例如，原点（0,0）和向量（0,5）之间的距离为 1，因为只有一个非零元素。（1,1）和（2,2）之间的 L0 距离是 2，因为两个维度都不匹配。想象一下，第一维和第二维分别代表用户名和密码。如果登录尝试和真实凭证之间的 L0 为 0，则登录成功。如果距离为 1，则用户名或密码不正确，但不是两者都不正确。最后，如果距离为 2，则在数据库中找不到用户名和密码。

- **L1 范数**的定义为 $\sum |x_n|$，如图 1.7 所示。L1 范数下的两个向量之间的距离也称为**曼哈顿距离**。想象一下，生活在纽约曼哈顿这样的市区，街道形成一个网格。沿着街区从一个交叉路口到另一个交叉路口的最短距离。类似地，两个向量之间的 L1 距离沿着正交方向。L1 范数下的（0,1）和（1,0）之间的距离是 2。计算两个向量之间的 L1 距离就是求每个维度绝对差的总和，这是对相似性的有用度量。

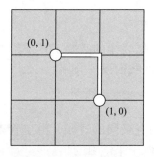

图 1.7　L1 距离也称为曼哈顿距离（或出租车距离），因为它类似于像曼哈顿社区这样的网格状邻域中的汽车路线。如果汽车从点（0,1）行驶到点（1,0），则最短路线需要 2 个单位的长度

- **L2 范数**是向量的欧几里得长度 $\sum [(x_n)^2]^{1/2}$，如图 1.8 所示。这是你可以在几何平面上找到的从一个点到另一个点的最直接路线。从数学上来讲，这是由高斯 - 马尔可夫定理预测的最小二乘估计的范数。一般来说，它是空间中两点之间的最短距离。

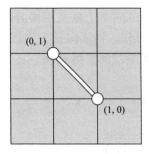

图 1.8　点（0,1）和（1,0）之间的 L2 范数是
两点间直线段的长度

- L–N **范数**推广了这一模式，得到了公式$(\sum|x_n|^N)^{1/N}$。我们很少使用 L2 以上的有限范数，但放在这里介绍是出于完整性的考虑。

- L– ∞ **范数**是$(\sum|x_n|^\infty)^{1/\infty}$。更自然地，它是每个元素中的最大量。如果向量是（–1，2，3），则 L– ∞ 范数为 3。如果特征向量代表各种项目的成本，则最小化向量的 L– ∞ 范数就是试图降低最昂贵项目的成本。

在现实世界中，什么情况我会使用除 L2 范数以外的度量？

假设你试图与谷歌公司竞争，开始从事一类全新的搜索引擎的启动工作。你的老板指派你使用机器学习算法来完成个性化搜索的任务。

一个好的目标可能是用户每月不应该看到 5 个或更多错误的搜索结果。一年的用户数据是一个 12 维向量（一年中的每个月是一个维度），每一维表示每个月显示的不正确结果的数量。你试图对这个向量使用 L– ∞ 范数必须小于 5 的限制。

假设你的老板改变了需求，即一年内不允许多于 5 个错误的搜索结果。在这种情况下，你试图实现小于 5 的 L1 范数，因为整个空间中所有错误和应该小于 5。现在，你的老板再次改变需求：错误搜索结果的月份数应该小于 5。在这种情况下，你试图实现小于 5 的 L0 范数，因为非零的月份数应该小于 5。

1.4　学习类型

现在，可以比较特征向量了，因为你已经掌握了数据建模的必要工具。机器学习通常分为三个类型：监督学习、无监督学习和强化学习。下面我们逐一介绍。

1.4.1　监督学习

根据定义，**主管**是指在指挥链中最高的人。当我们有疑问的时候，由主管来决定该怎么做。同样地，**监督学习**都是由导师（例如教师）提出例子来学习的。

监督机器学习系统需要标记数据来开发出一个有用的理解，我们称其为**模型**。例如，给定许多人的照片和它们相应的种族，我们可以训练一个模型来分类一个从未见过照片的种族。简单地说，模型是一个将标签分配给数据的函数。它通常使用以前的示例集合（称为**训练数据集**）作为参考。

　　谈论数学模型的一种简便方法是通过数学符号。设 x 是数据的实例，例如特征向量。与 x 相关联的标签是 $f(x)$，通常称为 x 的**真实标签**。通常，我们使用变量 $y= f(x)$，因为它写起来更快。在通过照片对人的种族进行分类的例子中，x 可以是各种相关特征的 100 维向量，y 代表各种种族对应的数值。因为 y 是离散的，只有很少的值，所以该模型被称为**分类器**。如果 y 可以产生许多值，并且这些值具有自然排序，则该模型称为**回归器**。

　　假设用 x 表示的模型预测为 $g(x)$。有时你可以通过调整模型来大幅改变它的性能。模型包含可人为或自动调整的参数。我们使用向量 θ 来表示参数。把它们放在一起，$g(x|\theta)$ 可以更完整地表示模型，读作"给定 θ 时 x 的函数 g"。

　　注意　模型也有**超参数**，它是模型的额外属性。**超参数**中的"超"字似乎看起来有点陌生。更贴切的名字应该是**元参数**，因为参数是和模型的元数据相关的。

　　模型预测 $g(x \mid \theta)$ 的成功与否取决于它与基础事实 y 的一致程度。我们需要一种方法来测量这两个向量之间的距离。例如，L2 范数可用于测量两个向量的接近程度。基础事实与预测之间的距离称为**成本**。

　　监督机器学习算法的本质是找出导致成本最低的模型参数。在数学上，我们寻找一个 θ^*，它可以最大限度地降低所有数据点 $x \in X$ 的成本。形式化这个优化问题的一种方法如下：

$$\theta^* = \arg\min_{\theta} \text{Cost}(\theta \mid X)$$

其中，
$$\text{Cost}(\theta \mid X) = \sum_{x \in X} \| g(x|\theta) - f(x) \|$$

　　显然，暴力求解这些 θ（也称为参数空间）的每种可能组合最终将会找到最佳解决方案，但它的运行时间却是不可接受的。机器学习的一个主要研究领域就是编写有效搜索这个参数空间的算法。一些早期的算法包括**梯度下降**、**模拟退火**和**遗传算法**。TensorFlow 会自动处理这些算法的低级实现细节，因此我们不会详细介绍它们。

　　在以某种方式学习参数后，你最终可以评估模型以确定系统从数据中捕获模式的程度。一条经验法则是不要用训练模型的相同数据来评估模型，因为你已经知道模型适用于训练数据；你需要判断模型是否适用于那些不属于训练集的数据，以确保你的模型是通用的，并且不会偏向于训练数据。使用大部分数据进行训练，剩下的则用于测试。例如，如果你有 100 个标记的数据点，则随机选择其中的 70 个来训练模型，并保留另外 30 个以对其进行测试。

为什么要分割数据？

　　如果按照 70-30 的比例来分割对你来说似乎很奇怪，可以这样想想看。假设你的物理老师对你进行了一次模拟考试，并告诉你真正的考试不会有什么不同。你最好记住这些答案，这样就可以在不理解概念的情况下获得一个完美的分数。类似地，如果在训练数据集上测试模型，就不会有任何帮助。因为你冒着犯错误的风险，而模型可能仅仅是记忆了某些结果。那么，智能体现在哪里呢？

代替 70-30 的比例来分割数据，机器学习从业者通常将他们的数据集按照 60-20-20 的比例进行分割。训练消耗数据集的 60%，测试使用 20%，剩下的 20% 则用于验证，这将在下一章中解释。

1.4.2　无监督学习

无监督学习是关于没有相应标签或响应的数据建模。我们可以像变魔术一样在原始数据上做出任何结论。有了足够的数据，就有可能找到模式和结构。机器学习从业者用来学习数据的两个最强大的工具就是聚类和降维。

聚类是将数据分割成相似项目的单个类的过程。从某种意义上说，聚类就像是不知道任何对应标签的数据分类。例如，当你把书整理在三个书架上时，你很可能把相似类型的书放在一起，或者你也可以按作者姓氏把它们分组。你可能有一本 Stephen King 写的书，另一本则是教科书，第三本是"其他任何东西"。你不在乎它们都是由同一个特征分割的，只是每一个都有一些独特的属性可以让你把它分解成大致相同且容易识别的组。最流行的聚类算法之一是 k– **均值**，它是一种被称为 **EM 算法**的强大技术的具体实现。

降维是指为了查看数据而在更简单的视角下操作数据。它在机器学习中的等价短语为"保持简单"。例如，通过去掉冗余的特征，我们可以在低维空间中解释相同的数据，并看看哪些特征是重要的。这种简化也有助于数据可视化或预处理以提高性能。最早的降维算法之一是**主成分分析**（Principle Component Analysis，PCA），最新的算法是**自编码器**，我们将在第 7 章中介绍。

1.4.3　强化学习

监督学习和无监督学习似乎可以表明教师是否存在。但是在一个研究得很好的机器学习分支中，环境作为一个教师，只能提供暗示而不是明确的答案。学习系统通过行为接受反馈，而反馈无法保证它正朝着正确的方向（可能是为了解决一道谜题或者实现一个明确的目标）前进。

探索与开发——强化学习的核心

想象你正在玩一款从未见过的电子游戏。你按下手柄控制器上的按钮，发现特定的组合会逐渐增加你的分数。聪明的你现在反复利用这一发现，希望能得到高分。在你的脑海中，你可能认为自己错过了一个更好的按钮组合。你应该利用目前最好的策略，还是冒险探索新的选择？

与监督学习不同，在训练数据方便地被"老师"标记的情况下，**强化学习**通过观察环境如何对动作做出反应来收集信息。强化学习是一种与环境交互的机器学习类型，以学习哪些动作组合能够产生最有利的结果。因为我们已经通过使用**环境**和**动作**来完成拟人化算法，学者通常将系统称为**自治代理**。因此，这种类型的机器学习自然体现在机器人领域。

为了解释在环境中的代理，我们引入了两个新概念：**状态**和**动作**。世界在特定时刻冻结被称为**状态**。代理可以执行许多**动作**中的一个来改变当前状态。为了驱动代理执行动作，每个状态都会产生相应的**奖励**。代理最终发现的每个状态的期望总报酬，称为**状态值**。

像任何其他机器学习系统一样，性能也将随着更多的数据而提高。在这种情况下，数据将成为历史经验。在强化学习中，直到它被执行之前，我们都不知道一系列动作的最终成本或报酬如何。这些情况使传统的监督学习不再有效，因为我们不知道在动作序列的历史中，到底是什么动作导致了低值状态的结束。代理知道的唯一信息是它已经采取的一系列行动的成本，但这是不完整的。代理的目标是找到一系列最大化奖励的行动。

练习 1.4

你会使用监督学习、无监督学习或强化学习来解决以下问题吗？

（a）在没有其他信息的情况下，在三个篮子里搭配各种水果；

（b）基于传感器数据预测天气；

（c）经过多次尝试和错误的尝试，学习下棋。

答案

（a）无监督学习；（b）监督学习；（c）强化学习。

1.5　TensorFlow

谷歌公司于 2015 年年底在 Apache 2.0 授权协议下开放了其机器学习框架 TensorFlow 的源代码。在此之前，谷歌公司曾在其语音识别、搜索、照片和 Gmail 以及其他应用程序中专门使用过它。

一点历史

谷歌在此之前所开发的可扩展分布式训练和学习系统 DistBelief 对于 TensorFlow 的当前实现产生了许多影响。你可曾有过编写了一段凌乱的代码，但又希望自己能重新开始的经历？这就是 DistBelief 和 TensorFlow 之间推动变化的力量。

该库是用 C ++ 实现的，它有一个方便的 Python 应用程序接口（API），以及一个不太受欢迎的 C ++ 应用程序接口（API）。由于更简单的依赖关系，TensorFlow 可以快速部署到各种体系结构中。

与 Theano（你可能已经熟悉了的 Python 的流行数值计算库）类似，计算被描述为流程图，将设计与实现分离。这种二分法几乎没有麻烦，不仅可以在拥有数千个处理器的大规模训练系统上实现相同的设计，还可以在移动设备上实现。单一系统涵盖了广泛的平台。

TensorFlow 最高级的特性之一是其**自动求导**功能。你可以尝试使用新网络，而不必重新定义许多关键计算。

注意　自动求导使得实现反向传播变得更加容易，反向传播是一种在称为**神经网络**的机器学习分支中使用的计算量很大的计算。TensorFlow 隐藏了反向传播的细节，因此你可以专注于更大的应用。第 7 章中介绍了使用 TensorFlow 的神经网络。

所有的数学都被抽象出来并在引擎下展开。这就像使用 WolframAlpha 来解决微积分问题集。

该库的另一个特性是其交互式的可视化环境，称为 TensorBoard。此工具能够显示数据转换方式的流程图，且可以随时间显示摘要日志以及跟踪性能。图 1.9 显示了 TensorBoard 在运行时的实例。下一章将更详细地介绍它。

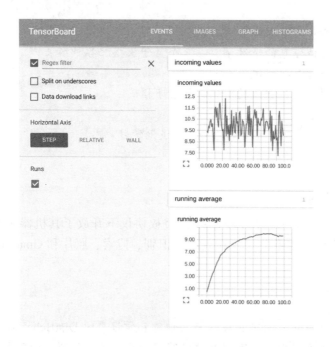

图 1.9　TensorBoard 的运行实例

TensorFlow 中的原型设计比 Theano 快得多（代码可以在几秒钟内初始化而不是几分钟），因为许多操作都是预编译的。由于子图执行，调试代码变得更加容易；另外，还可以重复使用整个计算段而不必重新计算。

因为 TensorFlow 针对的不仅仅是神经网络，所以它还具有开箱即用的矩阵计算和操作工具。大多数库（如 Torch 和 Caffe）都是专为深度神经网络设计的，但 TensorFlow 更灵活，而且可扩展。

该库已有详细记录，并得到谷歌公司的官方支持。机器学习是一个复杂的话题，因此在 TensorFlow 背后拥有一家知名度极高的公司也是顺理成章的。

1.6　余下的章节

第 2 章演示了如何使用 TensorFlow 的各种组件（见图 1.10）。第 3~6 章展示了如何在 TensorFlow 中实现经典的机器学习算法，第 7~12 章介绍了基于神经网络的算法。这些算法解决了各种各样的问题，如预测、分类、聚类、降维和规划。

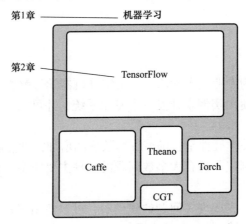

图 1.10　本章介绍了机器学习的基本概念，下一章将开始你的 TensorFlow 之旅。可以使用其他应用机器学习算法的工具（例如 Caffe、Theano 和 Torch），但是你会在第 2 章中理解为什么要使用 TensorFlow

许多算法可以用来解决相同的现实问题，并且也可以通过相同的算法来解决许多现实问题。表 1.1 涵盖了本书中列出的内容。

表 1.1　使用相应章节中的相应算法可以解决许多现实问题

现实世界	算法	章节
预测趋势，将曲线拟合到数据点，描述变量之间的关系	线性回归	3
将数据分为两类，找到拆分数据集的最佳方法	Logistic 回归	4
将数据分为多个类别	softmax 回归	4
揭示隐藏的观察原因，并找出一系列结果的最可能的隐藏原因	隐马尔可夫模型（Viterbi）	5
将数据聚类到固定数量的类别中，自动将数据点划分为单独的类	$k-$ 均值	6
将数据聚类为任意类别，将高维数据可视化为低维嵌入	自组织图	6
减少数据的维数，学习高维数据的潜在变量	自编码器	7
使用神经网络规划环境中的行动（强化学习）	Q- 策略神经网络	8
使用监督神经网络对数据进行分类	感知器	9
使用监督神经网络对真实世界的图像进行分类	卷积神经网络	9
使用神经网络生成匹配观测的模式	循环神经网络	10
预测自然语言查询的自然语言响应	序列到序列模型	11
通过学习各个项目的效用对项目进行排名	排序	12

提示　如果你对 TensorFlow 复杂架构的细节感兴趣，最好的资料是 www.ten-sorflow.org/extend/architecture 上的官方文档。本书将向前延伸并使用 TensorFlow，而不会因为低级的性能调整而放慢速度。对于那些对云服务感兴趣的读者，可以考虑使用谷歌公司的专业级和快速解决方案：https：//cloud.google.com/products/machine-learning/。

1.7　小结

- TensorFlow 已成为专业人士和研究人员实施机器学习解决方案的首选工具。
- 机器学习开发者使用实例来开发一个专家系统，并可以针对新的输入开发出新的应用。
- 机器学习的一个关键属性是：随着训练数据的增加，性能趋于提高。
- 多年来，学者们制定了适合大多数问题的三种主要原型：监督学习、无监督学习和强化学习。
- 在机器学习视角下完成现实问题的建模后，可以使用多种算法来实现。在完成实现的众多软件库和框架中，本书选择 TensorFlow 作为开发平台。TensorFlow 由谷歌公司开发并得到其蓬勃发展的社区的支持，为我们提供了一种轻松实现行业标准代码的方法。

第 *2* 章
TensorFlow 基础

本章要点
- 理解 TensorFlow 的工作流程
- 使用 Jupyter 生成交互式的笔记本
- 使用 TensorBoard 可视化算法

在实现机器学习算法之前，让我们首先熟悉如何使用 TensorFlow，并动手编写一些简单的代码！本章介绍了 TensorFlow 的一些重要优势，使你确信它是首选的机器学习库。

Python 是功能强大而又简单好用的语言。但是让我们想象一下，当我们想用 Python 代码实现一个计算功能而又没有方便的计算库时，会发生什么。这就像是使用一部新的智能手机而不安装任何其他应用程序。功能就在那里，如果你有合适的工具，就会更有效率。

假设你是一位私营企业主，负责跟踪产品的销售流程。你的库存包含 100 种商品，你用一个向量 prices 来存储每种商品的价格，用另一个向量 amounts 来存储每一种商品的库存数量。那么你可以写出下面的代码计算售出这些商品的销售额。这个代码没有使用任何代码库。

代码 2.1　不使用代码库计算两个向量的点积

```
revenue = 0
for price, amount in zip(prices, amounts):
    revenue += price * amount
```

计算两个向量内积（也叫**点积**）的代码就这么多，那么想象一下，对于更复杂的计算任务需要多少代码，例如求解线性方程或计算两个向量之间的距离。

在安装 TensorFlow 库时，还要安装一个著名而且功能强大的 Python 库 NumPy，这个库可以简化 Python 中的数学计算。使用不带库（NumPy 和 TensorFlow）的 Python，就像使用没有自动模式的相机：虽然有了更大的灵活性，但是一不小心就容易出错（顺便说一句，我们可不具备像专业摄影师那样的操控光圈、快门和感光度的专业手段）。在机器学习中，同样很容易出错，因此让我们的相机保持自动对焦，通过 TensorFlow 来帮助我们简化烦琐的开发工作吧。

下面代码展示了如何使用 NumPy 简洁地实现向量内积的计算。

代码 2.2　使用 NumPy 计算向量的内积

```
import numpy as np
revenue = np.dot(prices, amounts)
```

Python 是一种简洁的语言，这意味着本书没有通篇的神秘代码。然而另一方面，Python 语言的简洁性也意味着每行代码背后都会隐藏很多细节，你应该仔细阅读本章后面的内容。

机器学习算法依赖于许多数学计算。一般地，一个算法都可以归结为一些简单函数的组合，逐步迭代直至收敛。毫无疑问，你可以使用任何程序语言来实现这些计算，但是可管理和高性能的实现方式是使用编写良好的库，例如 TensorFlow（官方支持 Python 和 C++）。

提示　TensorFlow 的 Python 和 C++ 应用程序接口（API）文档可参见 www.tensorflow.org/api_docs/。

你在本章中学到的机器学习技能适用于应用 TensorFlow 进行计算，因为机器学习依赖于数学运算。在完成示例和代码清单后，你将能够使用 TensorFlow 实现自己的任务，比如在大数据上计算一些统计信息。因此，本书的重点完全在于学习如何应用 TensorFlow，而不是机器学习。这是一个轻松的开端，不是吗？

在本章的后面部分，你将使用 TensorFlow 的典型功能，这些功能对于机器学习至关重要，主要包括数据流图的计算表示，设计和执行的分离，以及子图的计算和自动求导。不用多说了，让我们开始第一段 TensorFlow 代码吧！

2.1　保证 TensorFlow 运行

首先，你应该确保一切运转正常：检查汽车的油位，修理底盘的熔丝，并确保你的信用卡没有任何透支。开个玩笑而已。我们即将开始探讨使用 TensorFlow 的准备工作。

在开始之前，请按照附录中的安装说明一步步完成安装。为了开始第一段 Python 代码，首先创建一个新文件，并命名为 test.py。该文件的第一行代码如下：

```
import numpy as np
```

遇到技术难题了吗？

如果你安装了 GPU 版本并且无法搜索到 CUDA 驱动程序，则此步骤通常会发生错误。请记住，如果使用 CUDA 编译 TenorFlow 库，则需要把 CUDA 路径更新到环境变量上。因此，请检查 TensorFlow 上的 CUDA 指令（参见 http://mng.bz/QUMh 获取更多的支持）。

这一行简单的导入代码就已经为你准备好了 TensorFlow。如果 Python 解释器没有错误提示，你就可以开始使用 TensorFlow 了！

遵循 TensorFlow 的约定

导入 TensorFlow 库的时候通常以 tf 作为别名。一般情况下，使用 tf 指代 TensorFlow 以便与其他开发人员开源的 TensorFlow 项目保持一致。当然，你也可以使用其他别名（或根本不使用别名），但是你会不可避免地在自己的项目中重用其他人的 TensorFlow 代码。

2.2　张量表示

你已经学会了如何将 TensorFlow 导入 Python 源文件，现在就可以开始使用它了！如第 1 章所述，在现实世界中描述对象的便捷方式是列出其属性或特征。例如，你可以通过颜色、型号、发动机类型、里程等来描述汽车。一个有序的特征列表称为**特征向量**，这就是数据在 TensorFlow 代码中的表示。

　　特征向量是机器学习中最有用的数据表示形式，因为它们简单（只是一个数字列表）。每个数据项通常都可以用特征向量来表示，那么一个数据集就有数百个这样的特征向量。毫无疑问，你通常会一次处理多个向量。一个矩阵可以简单地表示一组向量，其中矩阵的每一列就是一个特征向量。

　　在 TensorFlow 中，表示矩阵的语法是向量的向量，每个向量都应具有相同的长度。图 2.1 是一个具有两行、三列的矩阵的示例，例如 [[1,2,3]，[4,5,6]]。请注意，这是一个包含两个元素的向量，每个元素对应矩阵中的一行。

图 2.1　图中下面的矩阵是对上面紧凑编码形式的可视化表示。这种编码形式是绝大多数科学计算库所采用的通用模式

　　我们通过指定行索引和列索引来访问矩阵中的元素。例如，第一行、第一列表示左上角第一个元素。为了方便起见，有时也使用两个以上的索引，例如在彩色图像中，不仅通过行和列引用像素，还可以通过红色、绿色、蓝色通道来引用像素。**张量**是矩阵的推广，它通过任意数量的索引来指定元素。

> **张量的示例**
>
> 　　一所小学为所有学生强制分配座位，假设你是校长，但却根本记不住每个学生的名字。幸运的是，每个教室的座位都以网格形式布置，你可以轻松地用座位网格的行索引和列索引来给学生取个昵称。
>
> 　　学校有多间教室，所以你不能简单地说，"早上好，4,10 同学！好好学习。"你还需要指定教室，"早上好，教室 2 的 4,10 同学！"与矩阵不同（矩阵只需要两个索引来指定一个元素），这所学校的学生需要三个数字才能确定，他们都是三阶张量的索引！

　　张量语法是嵌套向量。如图 2.2 所示，$2 \times 3 \times 2$ 张量是 [[[1,2]，[3,4]，[5,6]]，[[7,8]，[9,10]，[11,12]]]，它可以被认为是两个矩阵，每个矩阵的大小为 3×2。因此，我们说这个张量的阶为 3。一般来说，张量的阶是指确定一个元素所需索引的数量。TensorFlow 中的机器学习算法以张量为基础，因此了解如何使用张量非常重要。

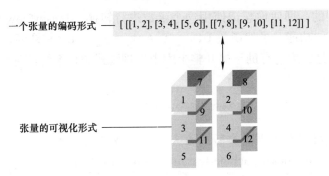

一个张量的编码形式 ——— [[[1, 2], [3, 4], [5, 6]], [[7, 8], [9, 10], [11, 12]]]

张量的可视化形式 ———

图 2.2　一个张量可以理解为多个矩阵堆叠在一起。为了确定一个元素，你需要行和列，还需要指定在哪一个矩阵里。因此，这个张量的阶为 3

我们很容易迷失在张量的各种表示方法里。直观地，代码 2.3 中的三行代码试图表示的是相同的 2×2 矩阵。该矩阵表示两个二维的特征向量。例如，它可以代表两个人对两部电影的评分。每个人（由矩阵的行索引确定）用一个数字来评价他对一部电影（由矩阵的列索引确定）的评分。请运行该代码并了解如何在 TensorFlow 中生成一个矩阵。

代码 2.3　表示张量的多种不同方法

```
import tensorflow as tf          将在TensorFlow中使
import numpy as np               用NumPy构造矩阵

m1 = [[1.0, 2.0],
      [3.0, 4.0]]

m2 = np.array([[1.0, 2.0],       三种方法定
               [3.0, 4.0]], dtype=np.float32)   义2×2矩阵

m3 = tf.constant([[1.0, 2.0],
                  [3.0, 4.0]])

print(type(m1))                  输出每个矩
print(type(m2))                  阵的类型
print(type(m3))

t1 = tf.convert_to_tensor(m1, dtype=tf.float32)   根据不同类型的
t2 = tf.convert_to_tensor(m2, dtype=tf.float32)   矩阵构造张量
t3 = tf.convert_to_tensor(m3, dtype=tf.float32)

print(type(t1))                  注意三个张量的
print(type(t2))                  类型是一样的
print(type(t3))
```

第一个变量（m1）是一个列表，第二个变量（m2）是 NumPy 库中的 ndarray，最后一个变量（m3）是使用 tf.constant 初始化的 TensorFlow 的常量对象。

TensorFlow 中的所有运算（例如取负数）都设计为在张量上进行。函数 tf.convert_to_tensor 可以把其他类型的数据转换为张量，以确保在任何情况下的计算都是针对张量

的而不是其他类型的。即使你忘记使用这个函数进行转换，TensorFlow 库中的大多数函数也已经默认执行了此功能。虽然函数 tf.convert_to_tensor 是可选的，但我们还是要在这里介绍它，这是因为它有助于揭开整个库中处理隐式类型系统的神秘面纱。代码 2.3 输出以下内容三次：

```
<class 'tensorflow.python.framework.ops.Tensor'>
```

提示　你可以在本书英文版的官方网站上找到这些代码，复制后粘贴即可：www.manning.com/books/machine-learning-with-tensorflow。

让我们再看看在代码中张量是怎么定义的。导入 TensorFlow 库后，可以通过 tf.constant() 运算得到一个张量，下面的代码定义了几个不同维度的张量。

代码 2.4　创建张量

```
import tensorflow as tf

m1 = tf.constant([[1., 2.]])          定义一个
                                       2×1张量

m2 = tf.constant([[1],                定义一个
                  [2]])                1×2张量

m3 = tf.constant([ [[1,2],
                    [3,4],
                    [5,6]],
                   [[7,8],
                    [9,10],
                    [11,12]] ])       定义一个
                                       三阶张量

print(m1)
print(m2)         输出这些张量
print(m3)
```

运行代码 2.4 后会产生如下的输出：

```
Tensor( "Const:0",
        shape=TensorShape([Dimension(1), Dimension(2)]),
        dtype=float32 )
Tensor( "Const_1:0",
        shape=TensorShape([Dimension(2), Dimension(1)]),
        dtype=int32 )
Tensor( "Const_2:0",
        shape=TensorShape([Dimension(2), Dimension(3), Dimension(2)]),
        dtype=int32 )
```

从输出中可以看出，每个张量都对应一个自动命名的张量对象。每个张量对象 Tensor 都有一个唯一的标签（name）、一个用于定义其结构的维度（shape），以及一个数据类型（dtype），用于指定将要操作的值的类型。因为没有提供显式名称，所以 TensorFlow 库会自动生成三个张量的名称：Const:0，Const_1:0 和 Const_2:0。

张量的类型

请注意，m1 的每个元素都以小数点结尾。小数点告诉 Python 该元素的数据类型不是整数，而是浮点数。你可以显式地输入 dtype 值。与 NumPy 数组非常相似，张量也采用这种数据类型来确定该张量操作的值的类型。

TensorFlow 还为一些简单张量提供了一些便捷的构造函数。例如，tf.zeros(shape) 可以用来创建一个所有值都为 0 的特定形状的张量。类似地，tf.ones(shape) 可以用来创建一个所有值都为 1 的特定形状的张量。shape 参数是一个 int32 类型的一维张量，用来描述待创建张量的维度。

练习 2.1

初始化一个 500 × 500 的张量，每个元素的值为 0.5。

答案

```
tf.ones([500,500]) * 0.5
```

2.3　创建运算

既然已经准备好了一些可供使用的张量，你就可以尝试更有趣的运算，例如加法或乘法。考虑一个矩阵，矩阵的每一行表示货币交易中的收入（正值）或支出（负值）。矩阵取负运算的结果能够反映对方货币流通过程中的交易历史。让我们从简单的例子开始，在代码 2.4 的张量 m1 上运行一个取负运算。矩阵取负运算的结果是将正数转换为相同绝对值的负数，反之亦然。

取负是最简单的运算之一。如代码 2.5 所示，取负时只需要输入一个张量，即可生成一个新的张量，且每个元素都取负。请尝试运行代码以加深理解。如果你已经掌握了如何定义取负，就可以将该技能推广到所有其他 TensorFlow 运算上。

注意　定义一个运算（比如取负），不同于**运行**这个运算。至此，你已经**定义**了运算该如何执行。在 2.4 节，你将有机会**运行**这些运算并得到运算结果。

代码 2.5　使用取负运算

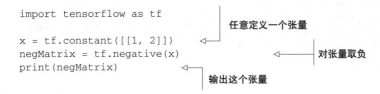

```
import tensorflow as tf

x = tf.constant([[1, 2]])          任意定义一个张量
negMatrix = tf.negative(x)         对张量取负
print(negMatrix)
                                   输出这个张量
```

代码 2.5 生成如下的输出：

```
Tensor("Neg:0", shape=TensorShape([Dimension(1), Dimension(2)]), dtype=int32)
```

请注意，输出的结果并不是 `[[-1,-2]]`。那是因为输出的是取负运算的定义，而不是该运算的实际结果。输出显示，取负运算是一个具有名称、形状和数据类型的 `Tensor` 类。该名称是自动分配的，但在代码 2.5 中使用 `tf.negative` 运算时，你也可以明确地指定该名称。同样，张量的形状和数据类型也是从输入的 `[[1,2]]` 中推断出来的。

常用的 TensorFlow 运算

官方文档中列出了所有的数学运算（www.tensorflow.org/api_guides/python/math_ops），下面列出了常用运算的示例：

`tf.add(x,y)`——两个相同类型的张量相加，$x+y$；

`tf.subtract(x,y)`——两个同类型的张量相减，$x-y$；

`tf.multiply(x,y)`——两个张量对应位置的元素相乘；

`tf.pow(x,y)`——取元素 x 的 y 次幂；

`tf.exp(x)`——相当于 pow（e，x），其中 e 是欧拉数（2.718…）；

`tf.sqrt(x)`——相当于 pow（x，0.5）；

`tf.div(x,y)`——两个张量对应位置的元素相除；

`tf.truediv(x,y)`——类似于 `tf.div`，将参数转换为 float 型；

`tf.floordiv(x,y)`——类似于 `truediv`，将最终答案向下舍入取整；

`tf.mod(x,y)`——两个张量对应位置的元素相除取余数。

练习 2.2

使用已经学习过的 TensorFlow 运算生成一个高斯分布（也叫正态分布）。图 2.3 给出了提示。如果想参考高斯分布的定义，你可以通过下面的网站查找到正态分布的概率密度函数：

https://en.wikipedia.org/wiki/Normal_distribution。

答案

大多数数学表达式，比如 ×、－、＋ 等，是 TensorFlow 运算的等价助记符。高斯函数用到了很多运算，使用助记符可以使代码更为简洁，比如下面的代码：

```
from math import pi
mean = 0.0
sigma = 1.0
(tf.exp(tf.negative(tf.pow(x - mean, 2.0) /
                (2.0 * tf.pow(sigma, 2.0)))) *
 (1.0 / (sigma * tf.sqrt(2.0 * pi) )))
```

2.4　使用 session 执行运算

session（**会话**）对象是软件系统的运行环境，它负责描述代码应该如何运行。在 TensorFlow 中，session 封装了硬件设备（例如 CPU 和 GPU）之间的交互，所以你可以心无旁骛地设计机器学习算法，而不必操心对其运行的硬件进行管理。你还可以修改 session 的配置以改变其执行方式，而不必修改机器学习的代码。

为了执行运算并取得运算结果，TensorFlow 需要一个 session 对象。只有注册过的 session 才可以返回运算结果（填充 Tensor 对象的值）。为此，你必须使用 `tf.Session()` 创建一个 session 对象，并使用这个 session 执行一次运算，如下面的代码2.6所示⊖。运算结果可进一步用于后续计算。

代码 2.6　使用 session

```
import tensorflow as tf

x = tf.constant([[1., 2.]])
negMatrix = tf.negative(x)

with tf.Session() as sess:
    result = sess.run(negMatrix)
print(result)
```

任意定义一个矩阵

执行取负运算

开启一个 session

使用session执行negMatrix

输出这个结果

恭喜！你刚刚编写了第一个完整的 TensorFlow 代码。尽管它所做的只是对一个矩阵取负得到 [[-1，-2]]，但核心原理和框架与其他 TensorFlow 中的代码完全相同。session 不仅可以用来配置机器执行代码的硬件，还可以配置如何并行化计算。

代码执行得有点慢

初始化一个 500 × 500 的张量，每个元素的值为 0.5。

你可能已经注意到代码执行比预期的要慢几秒钟，TensorFlow 竟然需要几秒钟来给一个小矩阵执行取负操作，这似乎是说不通的。这里需要理解的一点是，重要的预处理通常是用于优化大型的而且复杂的计算任务。

每个 Tensor 对象都会有一个 `eval()` 函数用来评估这个数学运算的值。但是 `eval()` 函数需要一个 session 对象来理解如何在硬件上更高效地执行。在代码 2.6 中，我们使用了 `sess.run()`，这相当于在 session 的上下文中调用张量的 `eval()` 函数。

当你在交互式环境下运行 TensorFlow 代码时（出于调试或演示目的），在交互模式下创建会话通常会更容易，其中 session 隐含地属于 `eval()` 函数调用的上下文。这样，就不需要

⊖　第 3 行代码被赋值的变量名有误，原文中的参数是 `neg_op`，此处修改为 `negMatrix`。——译者注

在整个代码中传递 session 对象，从而更容易关注算法的相关部分，如下面的代码 2.7 所示。

代码 2.7　使用 session 的交互式模式

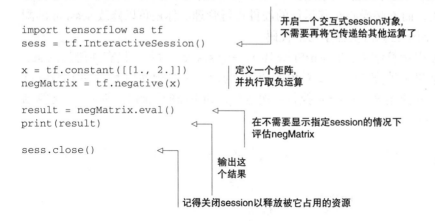

```
import tensorflow as tf                    开启一个交互式session对象，
sess = tf.InteractiveSession()             不需要再将它传递给其他运算了

x = tf.constant([[1., 2.]])                定义一个矩阵，
negMatrix = tf.negative(x)                 并执行取负运算

result = negMatrix.eval()
print(result)                              在不需要显示指定session的情况下
                                           评估negMatrix
sess.close()

                                           输出这
                                           个结果

                           记得关闭session以释放被它占用的资源
```

2.4.1　将代码理解为图

假设有一位医生，他预测新生儿的体重为 7.5lb（1lb=0.45kg）。你想弄清楚这与实际测量的体重有何不同。作为一名资深分析师，你设计了一个函数来描述新生儿所有体重的可能性。例如，8lb 比 10lb 的可能性更大。

你可以选择使用高斯概率分布（也称为正态分布）函数（以下简称高斯函数）。它将数值作为输入，并输出一个非负数来描述观察到该输入的概率。这种函数在机器学习中经常出现，在 TensorFlow 中也很容易定义。该函数用到了乘法、除法、取负，以及其他几种基本运算。

将每个运算符视为图中的节点。每当你看到加号或任何数学概念时，只需将其视为众多节点中的一个。这些节点之间的边代表数学函数的组合。具体来说，我们一直在研究的取负运算就是一个节点，该节点的输入或输出边是张量变换的方式。因此，张量运算就是张量在图上的流动，这就是这个库被称为 TensorFlow 的原因！

一个基本思想是：每个运算都是一个强类型函数，它将某维度的张量作为输入，并生成相同维度的输出。图 2.3 是如何使用 TensorFlow 设计高斯函数的示例。将高斯函数表示为图，其中运算是节点，边表示节点之间的交互。该图整体上表达了一个复杂的数学函数（高斯函数）。图中的部分节点表示一些简单的数学概念，例如取负或加倍。

TensorFlow 中的算法容易可视化展现，并且可以简单地使用流程图来描述。准确地说，这种流程图是**数据流图**。数据流图中的每个箭头称为**边**，数据流图的每个状态称为**节点**。session 的目的是将 Python 代码解释为数据流图，然后将图中每个节点的运算分配给 CPU 或 GPU。

2.4.2　设置 session 的配置项

你可以设置 tf.Session 的选项。比如，TensorFlow 会根据 CPU 或者 GPU 是否可用

来自动决定以最好的方式为一个运算分配计算资源。在创建 session 的时候，可以设置选项
`log_device_placement=True`，这样执行代码的时候就会显示出计算任务是在哪个硬件上实现的，如下面的代码所示。

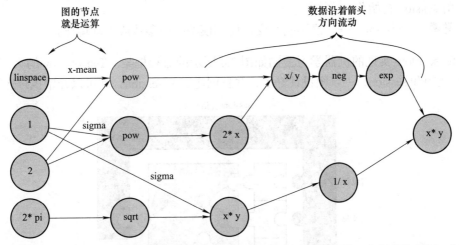

图 2.3 **该图表示了生成高斯分布所需要的运算。节点之间的连线表示数据从一个运算流向下一个运算。这些运算本身很简单，但是组合到一起却可以完成复杂的任务**

代码 2.8　记录 session 的日志

```
import tensorflow as tf

x = tf.constant([[1., 2.]])
negMatrix = tf.negative(x)

with tf.Session(config=tf.ConfigProto(log_device_placement=True)) as sess:
    result = sess.run(negMatrix)

print(result)
```

定义一个矩阵，并执行取负运算

使用特殊的选项创建session，以开启日志功能

执行negMartix

输出这个结果

在每一个 session 的运算里，输出信息都会体现出哪一个 CPU 或 GPU 被使用了。例如，运行代码 2.8，会得到如下的输出，可以看出是哪个设备执行了取负运算：

　　Neg: /job:localhost/replica:0/task:0/cpu:0

session 在 TensorFlow 代码中至关重要，执行任何一个运算都需要一个 session。图 2.4 显示了 TensorFlow 上的组件是如何与机器学习框架交互的。一个 session 不仅可以执行一个图上的明确运算，还可以将占位符、变量和常量作为输入。到目前为止，我们使用的都是常量，在后面的章节中，我们将开始使用变量和占位符。以下是这三种值的快速概述：

- **占位符**（Placeholder）——虽然没有赋值，但 session 会在执行的时候初始化占位符。通常占位符会出现在模型的输入和输出中。
- **变量**（Variable）——值能够改变，比如机器学习模型的参数。变量在使用前必须由 session 初始化。
- **常量**（Constant）——值不能改变，比如模型的超参数或者环境设置。

用 TensorFlow 实现的机器学习遵循如图 2.4 所示的流程框架。TensorFlow 的大部分代码主要是构建图和 session，一旦图设计好了，并且创建好了 session，就可以开始执行运算了。

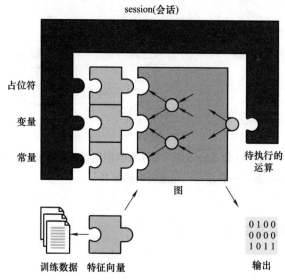

图 2.4　session 规定了如何使用硬件以便最有效地执行图中的处理。session 在启动的时候会将 CPU 和 GPU 设备分配给每个节点。处理完成后，session 以指定格式输出处理结果，例如 NumPy 数组。另外，session 也可以接收占位符、变量和常量作为输入

2.5　使用 Jupyter 写代码

因为 TensorFlow 主要还是一个 Python 库，所以你应该充分利用 Python 的解释器以提高 TensorFlow 的性能。Jupyter 是一个学习 Python 语言交互式特性的成熟环境，在形式上它是一个 Web 应用程序，可以优美地展示计算方法，因此你可以与其他人共享带注释的交互式算法，以教授技术或演示代码。

你可以和别人共享 Jupyter Notebook 以交换思想或者下载别人的代码，可参考附录安装 Jupyter Notebook。

打开一个新的终端，进入到 TensorFlow 代码所在的目录，并开启一个 Jupyter Notebook 服务：

```
$ cd ~/MyTensorFlowStuff
$ jupyter notebook
```

执行这个命令后系统应该会开启一个新的浏览器窗口，该窗口展示了 Jupyter Notebook 中的内容。如果没有自动开启这个浏览器窗口，你也可以手动打开浏览器，登录到 http:// localhost:8888，这样你将看到类似于图 2.5 的页面。

图 2.5　运行 Jupyter Notebook 会启动一个链接为 http://localhost:8888 的交互式笔记本

单击右上角的 "New" 下拉菜单新建一个笔记本文件；然后选择 Notebooks-> Python 3。这将创建一个名为 "Untitled.ipynb" 的新的笔记本文件，你可以立即通过浏览器界面开始编辑它。也可以通过单击当前的名称 "Untitled" 并输入更容易记住的词语来改变名称，例如 "TensorFlow 示例笔记本"。

Jupyter Notebook 中的内容由独立的代码或文本块组成，称为**单元**。单元有助于将一大段代码划分为可管理的代码片段和文档。你可以单独运行一个单元，也可以按顺序选择一次运行所有单元。执行单元的代码有三种常用的方法：

- <Shift+Enter>：运行当前选中的单元，并选中下一个单元。
- <Ctrl+Enter>：运行当前单元，并且当前单元仍处于选中状态。
- <Alt+Enter>：运行当前单元，并在下方插入一个新的空白单元。

你可以通过单击工具栏中的下拉菜单来更改单元类型，如图 2.6 所示。此外，可以按 <Esc> 键退出编辑模式，使用方向键高亮显示一个单元，然后按 <Y> 键切换到代码模式或按 <M> 键进入 markdown 模式。

终于，你可以完成一个 Jupyter Notebook，它可以混排代码和文本，优美地展示 Tensor-Flow 代码（见图 2.7）。

练习 2.3

仔细观察图 2.7，你会注意到图中代码使用的是 `tf.neg` 而不是 `tf.negative`。这有些奇怪。你能解释为什么能这样用吗？

答案

你应该注意到 TensorFlow 库修改了命名约定，如果使用老版本的 TensorFlow 在线指导你就会遇到这个问题。

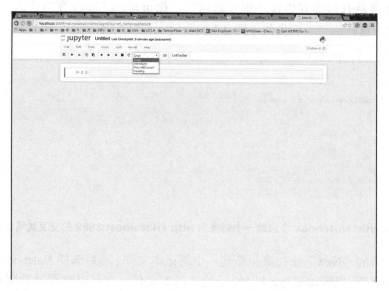

图2.6 通过下拉菜单更改笔记本文件中单元的类型。代码（code）单元用来编写 Python 代码，而 Markdown 单元则用来编辑相应的文本描述

2.6 使用变量

从 TensorFlow 常量开始起步是一个不错的选择，但大多数程序在运行中是需要改变数据的。例如，神经科学家可能对通过传感器测量来检测神经活动感兴趣。神经活动的峰值是可以随时间变化的布尔变量。要在 TensorFlow 中捕获它，可以使用 `Variable` 类来表示一个值随时间变化的节点。

图2.7 一个交互式的 Python 笔记本，它以易读的方式展示代码和注释

在机器学习中使用 Variable 对象的例子

　　找到能最好地拟合多个点的直线方程是一个典型的机器学习问题（将在第 3 章中详细讨论）。该算法会在初始阶段估计一个方程的参数（比如斜率或 y 截距），随着迭代的进行，算法会对这些参数生成更好的估计。

　　到目前为止，我们处理的一直是常量。仅仅具有常量的程序对于实际应用程序并不那么有用，因此 TensorFlow 提供了更灵活的变量，使得变量值可以得到修改。具体反映到机器学习模型中，就是当机器学习算法找到变量最佳值的时候会立刻更新模型参数，在机器学习世界中，参数值通常会一直波动，直到成为模型的最好数据时才会最终稳定下来。

　　代码 2.9 是一个简单的 TensorFlow 程序，它演示了如何使用变量。每当序列数据的值突然增加时，程序就会更新变量。考虑记录神经元活动随时间的变化，这段代码可以检测神经元的活动何时会突然出现异常。当然，出于教学目的，这里对该算法做了很大程度的简化。

　　首先，导入 TensorFlow，并使用 tf.InteractiveSession() 创建一个 session。当创建了交互式 session 之后，TensorFlow 中的函数就不再需要 session 作为它们的参数了，这种方式的编码在 Jupyter Notebook 中显得更方便。

代码 2.9　使用变量

假设你有这样的一组原始数据

```
import tensorflow as tf
sess = tf.InteractiveSession()
```
开启一个交互式session对象,不需要再将它传递给其他运算

```
raw_data = [1., 2., 8., -1., 0., 5.5, 6., 13]
spike = tf.Variable(False)
spike.initializer.run()
```
生成一个布尔变量并将其命名为 spike,用来检测一个数据序列中是否突然出现显著增大的值

因为所有的变量都需要初始化,所以调用spike的initializer成员的run()函数来完成初始化

```
for i in range(1, len(raw_data)):
    if raw_data[i] - raw_data[i-1] > 5:
        updater = tf.assign(spike, True)
        updater.eval()
    else:
        tf.assign(spike, False).eval()
    print("Spike", spike.eval())

sess.close()
```
给一个变量赋予一个新值可以使用 tf,assign(<var name>,<new value>),并调用变量的eval()函数执行修改

当不再需要session时记得关闭它

循环这个数组(忽略第一个),当发现有一个数值显著增加时就更新spike变量的值

代码 2.9 的预期输出是如下的 spike 值的列表[⊖]：

```
Spike, False
Spike, True
Spike, False
Spike, False
Spike, True
Spike, False
Spike, True
```

2.7　保存和加载变量

想象一个场景，你编写了一段可实现完整功能的代码，并希望单独测试其中的一小段代码。研究复杂问题的机器学习就是这样的场景，在设置好的检查点保存并加载数据可以更容易地调试代码（进行小段代码测试）。TensorFlow 提供了一个极好的接口来将变量值保存和加载到磁盘；我们看看如何使用这些接口来实现这个目的。

修改代码 2.9 中编写的代码，将异常数据保存到磁盘，以便在其他地方可以加载该数据。将 spike 变量的类型从简单布尔型改为布尔向量，以捕捉异常值的改变历史（如代码 2.10 所示）。注意，请显式命名这些变量，以便稍后可以使用相同的名称来加载它们。命名变量是可选的，但强烈建议你在编写代码的时候就显式命名变量。

请尝试运行如下代码 2.10 并观察运行结果。

代码 2.10　保存变量

定义一个名为spikes的Boolean
向量用来保存异常值在原数组中的位置

导入TensorFlow,
并开启交互式会话

```
import tensorflow as tf
sess = tf.InteractiveSession()

raw_data = [1., 2., 8., -1., 0., 5.5, 6., 13]
spikes = tf.Variable([False] * len(raw_data), name='spikes')
spikes.initializer.run()

saver = tf.train.Saver()

for i in range(1, len(raw_data)):
    if raw_data[i] - raw_data[i-1] > 5:
        spikes_val = spikes.eval()
        spikes_val[i] = True
        updater = tf.assign(spikes, spikes_val)
```

假设有这样
一组原始数据

不要忘记初始
化这个变量

循环这个数组(忽略第一个),
当发现有一个数值显著增加时
就更新spikes变量的值

使用tf.assign()函数更
新spikes的值

⊖　原文的输出结果中包含了括号和单引号，此处做了更正。——译者注

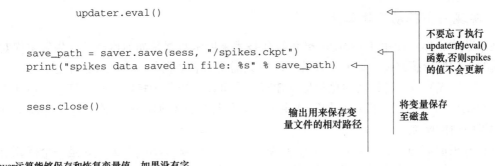

```
          updater.eval()


save_path = saver.save(sess, "/spikes.ckpt")
print("spikes data saved in file: %s" % save_path)


sess.close()
```

不要忘了执行 updater的eval() 函数,否则spikes 的值不会更新

将变量保存 至磁盘

输出用来保存变 量文件的相对路径

saver运算能够保存和恢复变量值。如果没有字 典作为参数传入,将保存当前程序中的所有变量

　　你会注意到这里生成了几个文件,其中一个是 "spikes.ckpt",其与源代码位于同一目录中。它是一个紧凑存储的二进制文件,因此你无法使用文本编辑器轻易地去修改它。要获取此数据,可以使用 saver 运算的 restore 函数,如代码 2.11 所示。

代码 2.11　加载变量

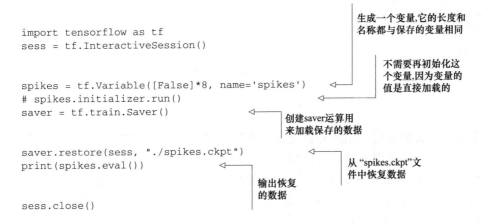

```
import tensorflow as tf
sess = tf.InteractiveSession()


spikes = tf.Variable([False]*8, name='spikes')
# spikes.initializer.run()
saver = tf.train.Saver()


saver.restore(sess, "./spikes.ckpt")
print(spikes.eval())


sess.close()
```

生成一个变量,它的长度和 名称都与保存的变量相同

不需要再初始化这 个变量,因为变量的 值是直接加载的

创建saver运算用 来加载保存的数据

从 "spikes.ckpt"文 件中恢复数据

输出恢复 的数据

2.8　使用 TensorBoard 可视化数据

　　在机器学习中,最耗时的工作不是编程,而是等待代码完成运行。例如,一个名为 ImageNet 的著名数据集包含了超过 1400 万个用于训练机器学习模型的图像。使用大型数据集来完成算法的训练可能需要数天或数周的时间。TensorBoard 是 TensorFlow 里面的一个便捷的可视化展示工具,它可以帮助你快速观察运算图中每个节点上的值的变化和每个节点的耗时,从而理解代码的执行方式。

　　让我们看看在一个真实的例子中是如何可视化变量的值随时间变化的趋势的。在本节中,你将在 TensorFlow 中实现移动平均算法,并使用 TensorBoard 可视化技术来跟踪你所关心的变量。

2.8.1　实现一个移动平均算法

在本节中，你将使用 TensorBoard 可视化技术来展示数据是如何修改的。先假定你对计算公司的平均股价感兴趣。通常，计算平均值只需将所有数据相加并除以总个数：平均值 = $(x_1 + x_2 + \cdots + x_n) / n$。当数据的总数量未知时，你可以使用称为**指数平均**的算法来估计未知数量的数据点的平均值。指数平均算法主要用来估计当前数据的平均值，它是先前估计平均值和当前值的函数。

该算法更简洁的表达为公式：$Avg_t = f(Avg_{t-1}, x_t) = (1 - \alpha) Avg_{t-1} + \alpha x_t$。$\alpha$ 是一个待调节的参数，表示在计算平均值时，当前值应该有多大的偏差。α 的值越高，计算的平均值与先前估计的平均值的差异就越大。图 2.8（在代码 2.16 之后显示）显示了 TensorBoard 是如何将数据以及对应的平均值随时间的变化情况可视化的。

当用代码实现这个算法时，需要考虑算法的主要计算部分在不断迭代过程中是如何进行的。在这个例子中，每一次迭代都会计算 $Avg_t = (1 - \alpha) Avg_{t-1} + \alpha x_t$，因此可以设计如代码 2.12 所示的 TensorFlow 运算来实现这个计算。要使这个代码能运行起来，需要最终确定 alpha、curr_value 和 prev_avg 这三个参数的值。

代码 2.12　定义平均值的更新运算

```
update_avg = alpha * curr_value + (1 - alpha) * prev_avg
```
alpha是一个tf.constant(常量)，curr_value是一个占位符，prev_avg是一个变量

稍后你将确定未定义的变量。用这种倒推方式编写代码就是先把接口定义出来，从而完成整体代码以满足接口的使用，然后再把精力专注于接口的具体实现。先忽略这个倒推过程，让我们直接跳到 session 部分，看看算法是如何工作的。下面的代码 2.13 构造了一个循环，并在循环中迭代调用 update_avg 运算，执行 update_avg 运算依赖于 curr_value，它的值由 feed_dict 参数提供的。

代码 2.13　迭代运行指数平均算法

```
raw_data = np.random.normal(10, 1, 100)

with tf.Session() as sess:
    for i in range(len(raw_data)):
        curr_avg = sess.run(update_avg, feed_dict={curr_value:raw_data[i]})
        sess.run(tf.assign(prev_avg, curr_avg))
```

算法的整体框架已经清晰了，剩下的就是给出未确定的值。复制下面的代码 2.14 就可以实现一个可以运行起来的算法。

代码 2.14　完整地实现指数平均算法

```
import tensorflow as tf
import numpy as np

raw_data = np.random.normal(10, 1, 100)           ← 生成包含100个正态分布随机数
                                                      的向量,均值为10,标准差为1

alpha = tf.constant(0.05)                          ← 定义常量alpha
curr_value = tf.placeholder(tf.float32)
prev_avg = tf.Variable(0.)                         ← 把之前的平均
update_avg = alpha * curr_value + (1 - alpha) * prev_avg    值初始化为0

init = tf.global_variables_initializer()

with tf.Session() as sess:                         ← 对向量循环,用最
    sess.run(init)                                    新数据逐个更新平均值
    for i in range(len(raw_data)):
        curr_avg = sess.run(update_avg, feed_dict={curr_value: raw_data[i]})
        sess.run(tf.assign(prev_avg, curr_avg))
        print(raw_data[i], curr_avg)
```

占位符类似于变量,占位行的值是通
过session注入的

2.8.2　可视化移动平均算法

当前正在进行的工作是实现移动平均算法,下面要做的是使用 TensorBoard 来可视化该算法运行的结果。使用 TensorBoard 进行可视化通常包含两个步骤:

(1)使用 summary 运算指示要关注的节点。

(2)调用 add_summary 把节点数据加入到队列,等待写入磁盘。

举个例子,设想有一个 img 占位符和一个 cost 运算,如下面代码 2.15 所示。你可以对它们进行标记(指定一个名称,比如 img 或 cost),以便它们能够在 TensorBoard 中可视化。在移动平均算法的例子中也是类似的方式。

代码 2.15　使用 summary 运算进行标记

```
img = tf.placeholder(tf.float32, [None, None, None, 3])
cost = tf.reduce_sum(...)

my_img_summary = tf.summary.image("img", img)
my_cost_summary = tf.summary.scalar("cost", cost)
```

通常,程序在与 TensorBoard 通信时,必须使用 summary 运算,并生成序列化的字符串,再由 SummaryWriter 保存到一个磁盘目录。每次通过 SummaryWriter 调用 add_summary 方法时,TensorFlow 都会将数据保存到磁盘以供 TensorBoard 使用。

警告 不要过于频繁地调用 add_summary。尽管多次调用能生成更精准的可视化效果，但是计算的成本会增加，并且速度也会减慢。

执行下面的命令，在当前目录下创建一个名为 logs 的文件夹：

```
$ mkdir logs
```

运行 TensorBoard，并把 logs 文件夹所在的目录作为 TensorBoard 的参数。

```
$ tensorboard --logdir=./logs
```

打开浏览器并输入"http://localhost:6006"，这是 TensorBoard 默认的 URL。下面的代码 2.16 演示了如何把代码挂到 SummaryWriter 上。运行这个代码并刷新 TensorBoard 即可观察到可视化效果。

代码 2.16　使用 summary 在 TensorBoard 中实现可视化

```python
import tensorflow as tf
import numpy as np

raw_data = np.random.normal(10, 1, 100)

alpha = tf.constant(0.05)
curr_value = tf.placeholder(tf.float32)
prev_avg = tf.Variable(0.)
update_avg = alpha * curr_value + (1 - alpha) * prev_avg

avg_hist = tf.summary.scalar("running_average", update_avg)
value_hist = tf.summary.scalar("incoming_values", curr_value)
merged = tf.summary.merge_all()
writer = tf.summary.FileWriter("./logs")
init = tf.global_variables_initializer()

with tf.Session() as sess:
    sess.run(init)
    writer.add_graph(sess.graph)
    for i in range(len(raw_data)):

        summary_str, curr_avg = sess.run([merged, update_avg],
            feed_dict={curr_value: raw_data[i]})
        sess.run(tf.assign(prev_avg, curr_avg))
        print(raw_data[i], curr_avg)
        writer.add_summary(summary_str, i)
```

为平均值创建一个 summary 节点

为当前值创建一个 summary 节点

合并创建的 summary 节点以便于统一运行

把 logs 文件夹的路径作为 writer 的参数

同时执行 merged 运算和 update_avg 运算

把 summary 加入到 writer

这一步虽然是可选的，但却可以在 TensorBoard 里可视化计算图

⊖　原文此处的代码是"sess.add_graph(sess.graph)"，是笔误。——译者注

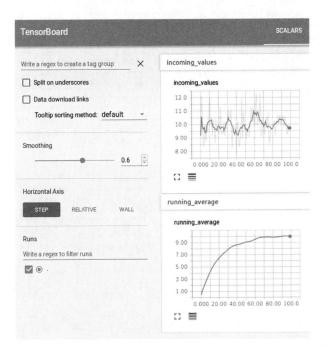

图 2.8   代码 2.16 使用 summary 在 TensorBoard 中生成的可视化效果，由此可以看出 TensorBoard 提供了用户友好的界面从而将 TensorFlow 产生的数据可视化

  提示   在启动 TensorBoard 之前，需要确保 TensorFlow 会话已结束。如果你重新运行代码 2.16，则需要清除 logs 文件夹里的文件。

2.9   小结

- 从计算流程的角度来考虑算法的实现，将每个节点视为一个运算，将边视为数据流时，编写 TensorFlow 代码就会变得很容易。运算图定义好之后，就可以使用一个 session 将其执行，以获得运算结果。

- TensorFlow 不仅仅可以将运算表示为图，后面章节将会介绍，TensorFlow 还能为机器学习提供一些量身定制的内置函数。事实上，TensorFlow 对卷积神经网络提供了非常好的支持，卷积神经网络是目前流行的图像处理模型（在音频和文本方面也有很好的表现）。

- TensorBoard 提供了一种简单的方法来实现 TensorFlow 中数据变化的可视化，从而可以观察出数据趋势以解决所发现的问题。

- TensorFlow 与 Jupyter Notebook 完美配合，共享和记录 Python 代码，这是一种极好的交互式方法。

## 第二部分

核心学习算法

美国前总统巴拉克·奥巴马曾经说过："你可以给猪涂上口红，粉饰一下，但它仍然是一头猪"，这句话的意思是很多事物只改变外表而本质却无法改变。其实，机器学习中的很多复杂想法都可以归结为一些基本思想。例如，核心算法可以归结为回归、分类、聚类和隐马尔可夫模型。这些概念在后续章节会详细介绍。

理解了本部分的四章内容后，你将了解如何使用类似的技术来解决大多数现实问题，曾经无法解决的难题现在可以使用这些核心学习算法来解决了。

第 3 章
线性回归及其他

本章要点

- 直线拟合数据点
- 曲线拟合数据点
- 测试回归算法的性能
- 在真实数据上进行回归

还记得高中时期的科学课程吗？可能是不久前，或者你现在就在读高中，并且已经开始了自己的机器学习之旅。无论是从事生物学、化学还是物理学研究，分析数据的常用技术都是绘制数据点，然后观察一个变量是如何影响另一个变量的。

假定要绘制降雨频率与农产品产量之间的相关性。你可能会发现降雨量的增加会导致农业生产率的提高。通过在这些数据点上拟合一条线，就可以预测出不同降雨条件下的生产率。如果你可以从少数几个数据点学习潜在的函数，那么学习到的函数就能够用来预测未知数据。

回归研究的是如何最好地用曲线来拟合数据，从而概览数据趋势。它是最强大且研究最充分的监督学习算法之一。在回归中，我们试图通过发现生成数据的可能曲线来理解数据点。而在拟合过程中，我们试图解释为什么已知数据会是这样的模式。拟合最好的曲线为我们提供了一个模型，用于解释数据集的生成方式。

本章将介绍如何形式化一个现实问题并通过回归来解决它。正如你将看到的，TensorFlow 正是这样一个可以用于回归并提供强大预测功能的有力工具。

3.1　形式化定义

如果你有锤子，那么每个问题看起来就像钉子。本章演示了第一个主要的机器学习工具——回归，并使用精确的数学符号对其进行了形式化定义。首先，学习回归是一个好的开始，因为你即将学会的许多技能都可以用到后续章节的其他类型问题中。到本章结束时，回归将成为你的机器学习工具箱中的"锤子"。

假设你有人们消费瓶装啤酒的数据。比如，爱丽丝花 4 美元买 2 瓶，鲍勃花 6 美元买 3 瓶，克莱尔花 8 美元买 4 瓶。你想找到一个描述瓶数如何影响总花费的公式。例如，如果线性函数 $y = 2x$ 描述了购买特定数量啤酒的花费，那么就可以了解每瓶啤酒的花费。

如果一条直线看起来可以拟合某些数据点，你可能会声称这个线性模型运行良好。但是你可以尝试许多可能的斜率而不仅仅是选择 2。选择的**斜率**就是参数，而包含参数的函数就是**模型**。用机器学习的术语来说，最佳拟合曲线的函数源自于对模型参数的学习。

再来看另一个例子，函数 $y = 3x$ 也是一条直线，斜率更陡一些。事实上，这个斜率可以替换成任意一个实数，一般记作 w，函数 $y = wx$ 仍然是一条直线。图 3.1 展示了参数值 w 的改变对模型的影响。这样的函数集合表示为 $M = \{y = wx \mid w \in \mathbb{R}\}$，读作函数簇 $y = wx$，其中 w 是一个实数参数。

M 是所有可能模型的集合，给定一个 w 值就可以得到一个候选模型 $M(w): y = wx$。在 TensorFlow 中编写的回归算法会迭代估计 w 值，并逐渐收敛到一个较适合的水平。另外一个参数是 w^*，它表示最优拟合时 w 的值，即 $M(w^*): y = w^* x$。

通常意义下，回归算法试图设计出一个函数 f，它实现输入到输出的映射，且该函数的定义域是实数向量 $\mathbb{R}^d$，值域是实数集 $\mathbb{R}$。

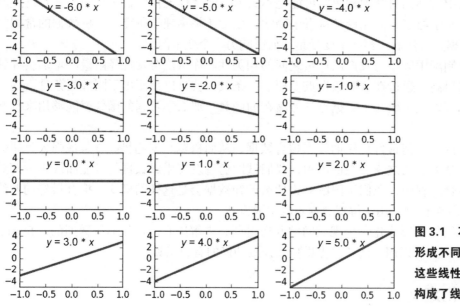

图 3.1　不同的参数 w 形成不同的线性函数，这些线性函数的集合构成了线性模型 M

注意　回归也可以有多个输入[⊖]，而不只是单个实数，这种回归我们称作**多元回归**。

函数的输入可以是连续的也可以是离散的，但是输出必定是连续的，如图 3.2 所示。

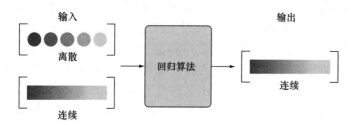

图 3.2　回归算法旨在产生连续的输出，输入允许是离散或者连续的，这个区别很重要，因为离散的输出通常更适合于分类任务（将在下一章讨论）

注意　回归算法一般预测连续的输出，但有时也不是这样。某些情况下我们只想预测一个离散的输出，比如 0 或者 1，分类就比较适合这种任务，这部分内容将在第 4 章讨论。

我们想要寻找一个能够与给定数据点拟合的函数 f，这些数据点实际上是输入/输出对。然而，可能的函数个数是无限的，所以逐个地去尝试这些函数是不太可能撞上大运的。选项太多通常难以决策。所以我们应该缩小寻找的范围。例如，如果只需要查看直线所能拟合的部分数据点，则搜索就会变得更加容易。

⊖　原文中此处是"多个输出"，应为笔误。——译者注

练习 3.1

　　存在多少个可能的函数可以实现 10 个整数到另外 10 个整数的映射？例如，$f(x)$ 是一个函数，其输入是 0~9，产生的输出也是 0~9，其中的一个函数可以是 $f(0)=0$，$f(1)=1$，等等，这样的函数一共有多少。

答案

　　$10^{10} = 10\,000\,000\,000$

3.1.1　如何知道回归算法在起作用

　　设想你正在试图把一个房产市场预测算法卖给一家房地产公司。这个算法根据给定的属性（比如卧室的数量和住房总面积）来预测住房销售价格。有了这些信息房地产公司就可以轻松地赚取大量的利润，但在向你购买这个算法之前，他们需要一些证据来证明该算法确实有效。

　　要衡量学习算法是否成功，你需要了解两个重要的概念，方差和偏差。

- **方差**：表示预测算法对所使用的训练集的敏感程度。理想情况下，训练集的选择方式无关紧要，这意味着算法期望较低的方差。
- **偏差**：表示预测算法对训练集上的假设的依赖强度。做太多的假设可能会使模型无法泛化，所以你也应该选择低偏差。

　　如果模型过于灵活，它可能只是偶尔记忆了训练数据，而无法产生有用的模式。你可以想象一个曲线函数通过数据集中的每个点，看起来不会产生错误。如果发生这种情况，我们称该学习算法对数据**过拟合**。在这种情况下，最佳拟合曲线将很好地与训练数据保持一致；但在对测试数据进行评估时，它有可能会表现得非常糟糕（见图 3.3）。

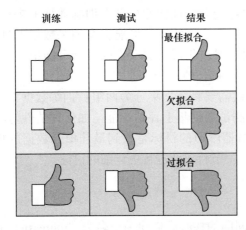

图 3.3　理想情况下，最佳拟合曲线对训练数据和测试数据都会拟合得很好。如果发现模型与测试数据和训练数据都拟合得很差，那么模型就是欠拟合的。另一方面，如果它在测试数据上表现不佳，但在训练数据上却表现很好，那么该模型就是过拟合的

　　另一方面，一个不那么灵活的模型有可能更好地推广到未知测试数据，但在训练数据上的得分却相对较低。这种情况称为**欠拟合**。过于灵活的模型具有较高的方差和较低的偏

差，而过于严格的模型则具有较低的方差和较高的偏差。理想情况下，你需要一个具有低方差和低偏差的模型。这样，它既可以推广未知的数据，也可以捕获数据的规律性。图 3.4 中的二维图给出了模型在欠拟合和过拟合情况下数据点的示例。

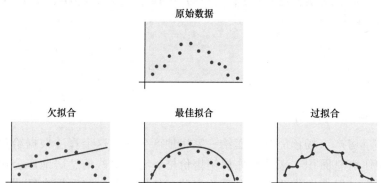

图 3.4　数据欠拟合和过拟合的示例

具体而言，模型的方差是衡量输出响应波动程度的指标，偏差是衡量输出响应偏离参考标准的指标。你希望模型获得准确（低偏差）和可预期（低方差）的结果。

> **练习 3.2**
>
> 　　假定模型是 $M(w)$: $y=wx$，如果参数 w 值是 0~9 间的整数（包括 9），那么可以生成多少个可能的函数？
>
> **答案**
>
> 　　只有 10 个：$\{y=0, y=x, y=2x, \cdots, y=9x\}$

总之，衡量模型在训练数据上的表现并不是衡量其泛化性的重要指标。相反，你应该在单独的一批测试数据上评估你的模型。你可能会发现你的模型在训练数据上表现出色，但它在测试数据上表现却非常差，在这种情况下，你的模型可能会在训练数据上过拟合。如果测试误差与训练误差大致相同，并且两个误差相似，那么你的模型可能拟合得很好。如果在训练数据上的误差很大，则模型可能是欠拟合的。

这就是为什么在衡量机器学习模型的时候需要将数据集分为两组：训练数据集和测试数据集。使用训练数据集来学习模型，并在测试数据集上评估性能（如何评估性能将在下一节中介绍）。在众多可能的权重参数中，机器学习的目标是找到最佳拟合数据的权重参数。衡量**最佳拟合**的方法是定义代价函数，下一节将对此进行更详细的讨论。

3.2　线性回归

让我们从创建虚构数据开始，进入线性回归的核心。创建一个名为"regression.py"的 Python 源文件，并按照以下代码 3.1 初始化数据。这个源代码将产生类似于图 3.5 的输出[⊖]。

代码 3.1　可视化原始数据

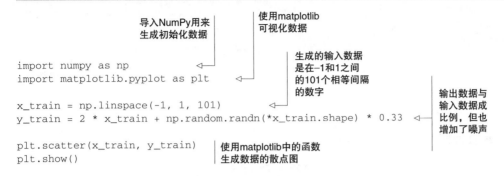

```
import numpy as np
import matplotlib.pyplot as plt

x_train = np.linspace(-1, 1, 101)
y_train = 2 * x_train + np.random.randn(*x_train.shape) * 0.33

plt.scatter(x_train, y_train)
plt.show()
```

导入NumPy用来
生成初始化数据

使用matplotlib
可视化数据

生成的输入数据
是在-1和1之间
的101个相等间隔
的数字

输出数据与
输入数据成
比例，但也
增加了噪声

使用matplotlib中的函数
生成数据的散点图

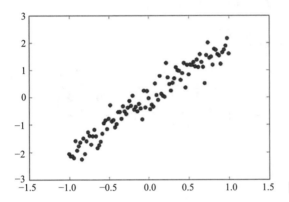

图 3.5　模型 y=x+(noise) 的散点图

既然有了一些可用的数据点，就可以尝试在这些数据上拟合一条线。最简单的理解就是给 TensorFlow 所提供的每个候选参数打分。该分值的计算方法通常称为**代价函数**。代价越高，模型参数越差。例如，如果最佳拟合线为 $y = 2x$，则选择参数 2.01 应该具有较低的代价，但选择 –1 的时候，代价就比较高了。

在将拟合定义为代价最小化问题后，如图 3.6 所示，TensorFlow 将会关注内部工作机制并尝试以有效的方式更新参数，以最终达到最佳值。循环遍历所有数据以更新参数的一个完整步骤称为**一轮**。

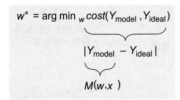

图 3.6　代价达到最小时 w 的取值。代价被定
义为理想值与模型输出值之间的误差范数。模
型输出值是根据函数集中的函数计算出来的

在这个示例中，定义**代价**的方式是求误差总和。预测 x 的误差是计算实际值 $f(x)$ 和预测值 $M(w, x)$ 之间差的平方。因此，代价是实际值和预测值之差的平方的总和，如图 3.7 所示。

更新以前的代码，如下所示，代码 3.2 定义了代价函数，并由 TensorFlow 的优化函数求解模型参数的最优解。

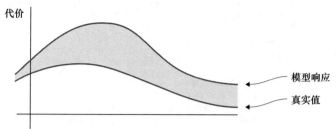

**图 3.7　代价是模型响应和真实值
之间的逐点差异的范数**

代码 3.2　线性回归

```
import tensorflow as tf
import numpy as np
import matplotlib.pyplot as plt
```
导入TensorFlow来实现机器学习
算法，使用NumPy创建初始化数
据，使用matplotlib可视化数据

```
learning_rate = 0.01
training_epochs = 100
```
定义学习算法所需要的常
量，称为超参数

```
x_train = np.linspace(-1, 1, 101)
y_train = 2 * x_train + np.random.randn(*x_train.shape) * 0.33
```
建立虚拟数据
集用于寻找最
佳拟合直线

```
X = tf.placeholder(tf.float32)
Y = tf.placeholder(tf.float32)
```
把输入节点和输出节点定义为占位符，因为它们
将会被注入x_train和y_train的值

```
def model(X, w):
    return tf.multiply(X, w)
```
定义模型
y=w*X

```
w = tf.Variable(0.0, name="weights")
```
定义权重变量

```
y_model = model(X, w)
cost = tf.square(Y-y_model)
```
定义代价函数

```
    train_op = tf.train.GradientDescentOptimizer(learning_rate).minimize(cost)

    sess = tf.Session()
    init = tf.global_variables_initializer()
    sess.run(init)
```
建立一个session,
并初始化所有变量

```
    for epoch in range(training_epochs):
      for (x, y) in zip(x_train, y_train):
        sess.run(train_op, feed_dict={X: x, Y: y})
```
多次循环遍
历数据集

循环遍历数据集中
的每一个数据

```
    w_val = sess.run(w)
```
获取参数的
最终值

```
    sess.close()
    plt.scatter(x_train, y_train)
    y_learned = x_train*w_val
    plt.plot(x_train, y_learned, 'r')
    plt.show()
```
关闭session

可视化最佳
拟合直线

可视化原
始的输入数据

更新模型参数从而将
代价函数最小化

定义一个运算，在接下
来的每次迭代中都会调用它

如图 3.8 所示，代码 3.2 正是通过使用 TensorFlow 才解决了线性回归问题！回归问题的其他内容只是对代码 3.2 的微小修改。整个流程主要涉及使用 TensorFlow 更新模型参数，如图 3.9 所示。

至此，我们已学会了如何在 TensorFlow 中实现简单的回归模型。正如之前讨论的那样，进一步的改进只是通过调和方差和偏差来改善模型。比如，到目前为止所设计的线性回归模型都会存在较大的偏差；它仅表示一组有限的函数，例如线性函数。在下一节中，你将尝试更灵活的模型。你会注意到 TensorFlow 的图只需要重新连接，而其他处理过程（如预处理、训练、评估）则依然保持不变。

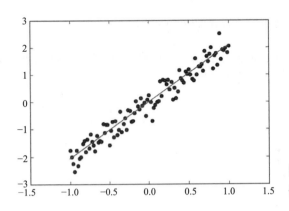

图 3.8　运行代码 3.2 后所显示的线性回归估计

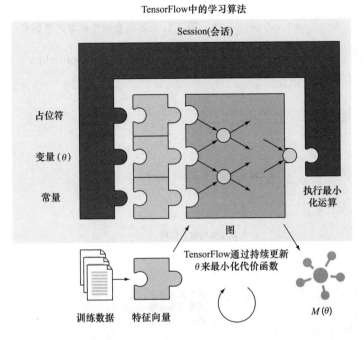

图 3.9　学习算法通过更新模型的参数来最小化给定的代价函数

3.3　多项式模型

线性模型只是初步的直观猜测，而真实世界的相关性显然不会如此简单。例如，导弹掠过天空的轨迹相对于地球上的观察者是弯曲的。WiFi 信号强度则会随着距离的二次方而递减。花的高度在其生长周期内的变化也不是线性的。

当数据点看起来形成光滑曲线而不是直线时，你需要将回归模型从线性模型修改为非线性模型。其中的一类方法是使用多项式模型。**多项式**函数是线性函数的推广。n 次多项式如下所示：

$$f(x) = w_n x^n + \cdots + w_1 x + w_0$$

注意　当 $n=1$ 时，多项式函数就简化为线性函数 $f(x) = w_1 x + w_0$。

考虑图 3.10 中的散点图，x 轴表示输入，y 轴表示输出。由图 3.10 可知，直线不足以表达数据的规律，而多项式函数是比线性函数更灵活的推广。

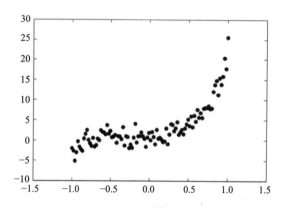

图 3.10　不适合线性模型的数据点

我们可以尝试用多项式函数来拟合这种数据，创建一个名为"polynomial.py"的新文件，然后按照下面的代码 3.3 进行操作。

代码 3.3　使用多项式模型法

```
import tensorflow as tf
import numpy as np
import matplotlib.pyplot as plt          导入相关的库，并初始化超参数


learning_rate = 0.01
training_epochs = 40

                                         生成虚拟的输入数据
trX = np.linspace(-1, 1, 101)


num_coeffs = 6
trY_coeffs = [1, 2, 3, 4, 5, 6]
trY = 0                                  基于五次多项
for i in range(num_coeffs):              式生成输出数
    trY += trY_coeffs[i] * np.power(trX, i)   据
```

```
trY += np.random.randn(*trX.shape) * 1.5        ◁─┐  加入噪声

plt.scatter(trX, trY)              │ 生成数据的散点图
plt.show()

X = tf.placeholder(tf.float32)         │ 为输入/输出对定义占位符节点
Y = tf.placeholder(tf.float32)

def model(X, w):
    terms = []
    for i in range(num_coeffs):        │ 定义你自己的
        term = tf.multiply(w[i], tf.pow(X, i))   │ 多项式模型
        terms.append(term)
    return tf.add_n(terms)

w = tf.Variable([0.] * num_coeffs, name="parameters")   │ 将参数向量初始化为零
y_model = model(X, w)


定义代     │ cost = (tf.pow(Y-y_model, 2))
价函数     │ train_op = tf.train.GradientDescentOptimizer(learning_rate).minimize(cost)

            sess = tf.Session()
            init = tf.global_variables_initializer()
            sess.run(init)
                                                    建立一个session，并
            for epoch in range(training_epochs):    运行学习算法
                for (x, y) in zip(trX, trY):
                    sess.run(train_op, feed_dict={X: x, Y: y})

            w_val = sess.run(w)
            print(w_val)


sess.close()                    ◁─┐ 结束后
                                   │ 关闭session

plt.scatter(trX, trY)
trY2 = 0
for i in range(num_coeffs):        │ 绘制学习结果的
    trY2 += w_val[i] * np.power(trX, i)  │ 可视化图

plt.plot(trX, trY2, 'r')
plt.show()
```

代码 3.3 的最终输出是一个拟合该数据的五次多项式，如图 3.11 所示。

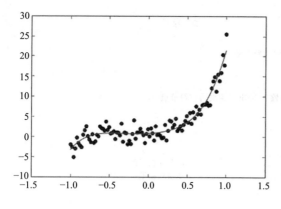

图 3.11   最佳拟合曲线平滑地穿过非线性数据点

3.4   正则化

不要被上一节所展示的多项式灵活性所欺骗。高阶多项式只是低阶多项式的扩展，因此没有必要总是偏向于使用更灵活的模型。

在现实世界中，很少有原始数据能形成模仿多项式的光滑曲线。想象一下，随着时间的推移，你正在绘制房价随时间变化的曲线。数据可能包含波动。回归的目标是用简单的数学方程表示出真实数据的复杂性。如果模型过于灵活，则模型就可能会对数据给出过于复杂的解释。

例如，考虑图 3.12 中的数据。你尝试用 8 次多项式来拟合看起来更符合函数 $y = x^2$ 上的点，拟合过程最终失败了，原因是算法试图尽力更新多项式的 9 个系数。

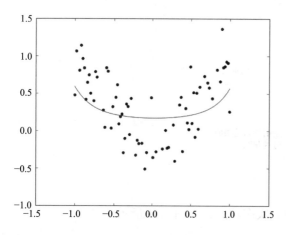

图 3.12   当模型过于灵活时，最佳拟合曲线可能看起来很复杂或不直观。我们需要使用正则化来改善拟合，以便使学习模型在测试数据上拟合良好

正则化是一种结构化参数的技术，通常用于解决过拟合的问题。在这个例子中，除了第二项之外，其他系数的期望为 0，从而产生曲线 $y = x^2$。但是回归算法却对此毫不知情，因此它有可能会生成得分最佳但看起来很奇怪的曲线。

为了使学习算法取得较小的系数向量（即 w），可以将惩罚函数添加到损失项中。要控制惩罚项的重要程度，可以将惩罚项乘以一个非负数常数 λ，如下所示：

$$\text{Cost}(X, Y) = \text{Loss}(X, Y) + \lambda \, |w|$$

如果 λ 设置为 0，则不进行正则化。当 λ 被设置为越来越大的值时，具有更大范数的参数将受到严重惩罚。范数的选择因具体情况而异，通常使用 L1 或 L2 范数。简而言之，正则化降低了复杂模型的灵活性。

要确定正则化参数 λ 的哪个值表现最佳，必须将数据集拆分为两个不相交的集合。从输入 / 输出对中随机选择大约 70% 的数据作为训练数据集，剩余的 30% 则作为测试集。你可以使用以下的代码 3.4 所提供的功能来拆分数据集。

代码 3.4　把数据集拆分为测试集和训练集

输入数据集、输出数据集和划分比例

```
def split_dataset(x_dataset, y_dataset, ratio):
    arr = np.arange(x_dataset.size)
    np.random.shuffle(arr)
    num_train = int(ratio * x_dataset.size)
    x_train = x_dataset[arr[0:num_train]]
    x_test = x_dataset[arr[num_train:x_dataset.size]]
    y_train = y_dataset[arr[0:num_train]]
    y_test = y_dataset[arr[num_train:x_dataset.size]]
    return x_train, x_test, y_train, y_test
```

打乱一组数

计算训练样本的数量

使用打乱的索引数字拆分x_dataset

用类似的方法拆分y_dataset

返回拆分后的数据集

练习 3.3

一个名为 scikit-learn 的 Python 库可以支持许多有用的数据预处理算法。可以调用 scikit-learn 库中的函数实现代码3.4的相同功能。你能在该库的文档中找到这个函数吗？提示：http://scikit-learn.org/stable/modules/classes.html#module-sklearn.model_selection。

答案

这个函数是 sklearn.model_selection.train_test_split。

使用这个方便的工具，就可以开始测试 λ 的哪个值对数据表现最佳。打开一个新的 Python 文件，然后按照下面的代码 3.5 进行操作。

代码 3.5 测试正则化参数

```python
import tensorflow as tf
import numpy as np
import matplotlib.pyplot as plt                     # 导入相关的
                                                    # 库并初始化
learning_rate = 0.001                               # 超参数
training_epochs = 1000
reg_lambda = 0.

x_dataset = np.linspace(-1, 1, 100)

num_coeffs = 9
y_dataset_params = [0.] * num_coeffs                # 生成一个虚
y_dataset_params[2] = 1                             # 构的数据集,
y_dataset = 0                                       # y = x²
for i in range(num_coeffs):
    y_dataset += y_dataset_params[i] * np.power(x_dataset, i)
y_dataset += np.random.randn(*x_dataset.shape) * 0.3

(x_train, x_test, y_train, y_test) = split_dataset(x_dataset, y_dataset, 0.7)

X = tf.placeholder(tf.float32)
Y = tf.placeholder(tf.float32)                      # 定义输入/输出占位符

def model(X, w):
    terms = []
    for i in range(num_coeffs):
        term = tf.multiply(w[i], tf.pow(X, i))      # 定义模型
        terms.append(term)
    return tf.add_n(terms)

w = tf.Variable([0.] * num_coeffs, name="parameters")
y_model = model(X, w)
cost = tf.div(tf.add(tf.reduce_sum(tf.square(Y-y_model)),
                     tf.multiply(reg_lambda, tf.reduce_sum(tf.square(w)))),
              2*x_train.size)
train_op = tf.train.GradientDescentOptimizer(learning_rate).minimize(cost)

sess = tf.Session()
init = tf.global_variables_initializer()            # 建立session
sess.run(init)

for reg_lambda in np.linspace(0,1,100):
    for epoch in range(training_epochs):
        sess.run(train_op, feed_dict={X: x_train, Y: y_train})   # 尝试各种
    final_cost = sess.run(cost, feed_dict={X: x_test, Y:y_test}) # 正则化参
    print('reg lambda', reg_lambda)                              # 数
    print('final cost', final_cost)

sess.close()                                        # 关闭session
```

左侧注释:
- 导入相关的库并初始化超参数
- 生成一个虚构的数据集,$y = x^2$
- 使用代码 3.4 把数据集拆分,70%作为训练集数据,30%作为测试集数据
- 定义输入/输出占位符
- 定义模型
- 定义正则化代价函数
- 建立session
- 尝试各种正则化参数
- 关闭session

  绘制代码 3.5 中每个正则化参数的相应输出,可以看到曲线随着 λ 值的增加而变化。当 λ 为 0 时,该算法倾向于使用高阶项来拟合数据。当开始对 L2 范数增加较高的惩罚时,代价会降低,表明你正从过度拟合中恢复,如图 3.13 所示。

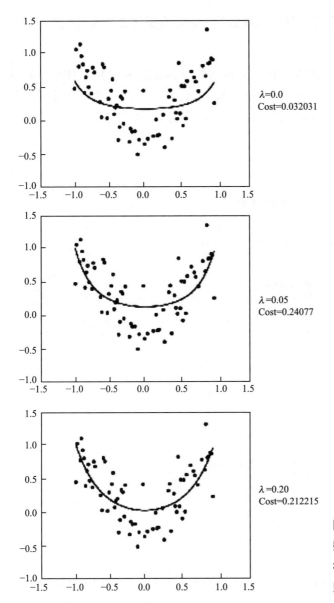

λ=0.0
Cost=0.032031

λ=0.05
Cost=0.24077

λ=0.20
Cost=0.212215

图 3.13　当在一定程度上增加正则化参数值的时候，代价会降低。这意味着该模型在初期对数据是过拟合的，而且正则化有助于引入结构

3.5　线性回归的应用

对虚构数据进行线性回归就像买了一辆新车又从来不真正驾驶它。这个令人激动的机器需要在现实世界中展现自己！幸运的是，许多数据集都可以在线获取，以测试你对回归的理解。

- 马萨诸塞大学阿默斯特分校提供了几种小型的数据集：www.umass.edu/statdata/statdata。
- Kaggle 上有各种类型的训练机器学习的大规模数据集：www.kaggle.com/datasets。

- Data.gov 是一个由美国政府发起的开放式数据平台，它有很多有趣并且实用的数据集：https://catalog.data.gov。

大部分数据集中都会包含日期。例如，有一个数据集显示了加利福尼亚州洛杉矶市 3-1-1 非紧急线路的所有电话。你可以通过 http://mng.bz/6vHx 获取它。一个好的跟踪特征可以是每天、每周或每月的呼叫频率。下面的代码 3.6 可用于获取数据项的每周频率统计。

代码 3.6　解析原始 CSV 数据集

```
import csv            ← 读取csv文件
import time                        ← 使用日期函数

def read(filename, date_idx, date_parse, year, bucket=7):

    days_in_year = 365

    freq = {}                    ← 建立初始的频率映射
    for period in range(0, int(days_in_year / bucket)):
        freq[period] = 0

    with open(filename, 'rb') as csvfile:        ← 读取数据并在每个周期累加计数
        csvreader = csv.reader(csvfile)
        csvreader.next()
        for row in csvreader:

            if row[date_idx] == '':
                continue
            t = time.strptime(row[date_idx], date_parse)
            if t.tm_year == year and t.tm_yday < (days_in_year-1):
                freq[int(t.tm_yday / bucket)] += 1

    return freq
                                    ← 读取2014年每周的3-1-1线路电话计数
freq = read('311.csv', 0, '%m/%d/%Y', 2014)
```

此代码为可提供线性回归的训练数据。`freq` 变量是字典类型的，它可以将时间周期（例如一周）映射到频率计数。因为一周有 7 天（`bucket=7`），一年有 52 周，所以有 52 个数据点。

拥有了数据之后，你就可以使用本章中介绍的技术在输入数据和输出数据上拟合一个回归模型。更实用的是学习模型可用来拟合和预测频率计数。

3.6　小结

- 回归是一类用于预测连续输出结果的监督机器学习。
- 通过定义一组模型，可以大大缩小可能函数的搜索空间。此外，TensorFlow 充分利

用了函数的可微性，可以通过运行其高效的梯度下降优化算法来学习参数。

- 通过轻松修改线性回归可以学习多项式曲线或其他更复杂曲线。
- 为避免对数据的过度拟合，可以通过惩罚较大值的参数来调节代价函数。
- 如果函数输出不连续，则应使用分类算法（参见下一章）。
- TensorFlow 能够有效且高效地解决线性回归的机器学习问题，从而对重要事项做出有用预测，例如农业生产、心率状况、住房价格等。

第4章
简明的分类介绍

本章要点
- 介绍分类的形式化定义
- 使用逻辑斯谛回归
- 应用混淆矩阵
- 理解多类别分类

想象一个场景，广告代理商收集有关用户互动的信息，用于决策要展示的广告类型。这并不罕见。谷歌、Twitter、Facebook 和其他依赖广告的大型科技巨头都拥有海量的用户个人资料，用于个性化广告。比如，如果用户最近搜索过游戏键盘或图形显卡，则更有可能点击关于最新和最好的视频游戏的广告。

向每个用户发送特定的广告可能很困难，因此通常将用户按类别分组。例如，用户可能由于被归类为"游戏玩家"而接收与视频游戏相关的广告。

机器学习是完成这项任务的首选工具。在最基础的层面上，机器学习从业者希望构建一个工具来帮助他们理解数据。将数据项标记为不同的类别是一种根据特定需求描述数据的好方法。

第 3 章介绍了回归，也就是将数据拟合成一条曲线。回忆一下，最佳拟合曲线是一个函数，它将数据项作为输入并为其赋予一个数值。构建一个为输入数据赋予离散值的机器学习模型称为**分类**。它是一种用于处理离散输出的监督学习算法（每个离散值称为一个**类**）。输入通常是一个特征向量，输出则是一个类。如果只有两个类标签（例如，True / False，On / Off，Yes / No），我们称这个学习算法为**二分类器**，否则，称为**多类别分类器**。

分类器有很多类型，本章重点介绍表 4.1 中列出的分类器，我们将首先用 TensorFlow 实现每一个分类器，之后再深入探讨各自的优点和缺点。

线性回归是最容易实现的，因为我们已经完成了第 3 章中的大部分工作，但正如你将看到的，它是一个糟糕的分类器。更好的分类器是逻辑斯谛回归算法。顾名思义，它使用对数函数来定义一个更好的代价函数。最后，softmax 回归是解决多类分类的直接方法。这是逻辑斯谛回归的自然泛化。它被称为 softmax 回归，因为在最后一步应用了一个名为 `softmax` 的函数。

表 4.1　分类器

分类器类型	优点	缺点
线性回归	实现简单	无法保证有效 只支持二分类
Logistic 回归	准确率高 可以灵活的调节模型 用概率作为模型的输出 易于用新数据更新模型	只支持二分类
softmax 回归	支持多类别分类 用概率作为模型的输出	实现较复杂

4.1　形式化定义

用数学符号表示的话，分类器就是一个函数 $y = f(x)$，其中 x 是输入数据项，y 是输出类别（见图 4.1）。按照学术文献的惯例，我们经常将输入向量 x 称为**独立变量**（或者**自变量**），输出 y 作为**依赖变量**（或者**因变量**）。

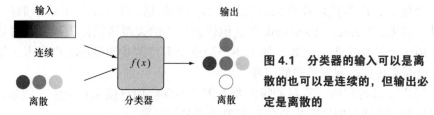

图 4.1　分类器的输入可以是离散的也可以是连续的，但输出必定是离散的

形式上，类别标签仅限于一组可能的值。可以将二值标签视为 Python 中的布尔变量。当输入特征只有一组固定的可能值时，你需要确保模型能够理解如何去处理它们。由于模型中的函数集通常处理的是连续实数，因此需要预处理数据集以适应输出的离散变量，这些变量分为两种类型：序数型或标称型（见图 4.2）。

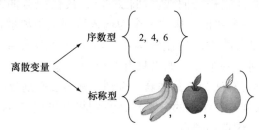

图 4.2　有两种类型的离散变量：可以排序的（序数型）和不可以排序的（标称型）

顾名思义，序数型的值是可以排序的。例如，1 到 10 之间的一组偶数是序数型的，因为整数可以相互比较。另一方面，一组水果 {banana, apple, orange} 可能不具有自然顺序。我们称这样的一组数据是标称型的，因为它们只能用它们各自的名称来描述。

在数据集中表示标称变量的简单方法是为每个数字分配一个标签。集合 {banana, apple, orange} 也可能会被表示为 {0, 1, 2}，但是某些分类模型可能会对该数据的解释存在分歧。例如，线性回归将苹果解释为香蕉和橙子之间的中间位置，而这却没有任何实际意义。

一个简单的变通方案是为标称变量的每一个值增加**哑变量**（也叫**虚拟变量**）。在这个例子中，fruit 变量将被删除，并替换为三个独立的变量：banana、apple 和 orange。每个变量的值为 0 或 1（见图 4.3），具体取决于该水果的类别是否成立。此过程通常称为**独热编码**。

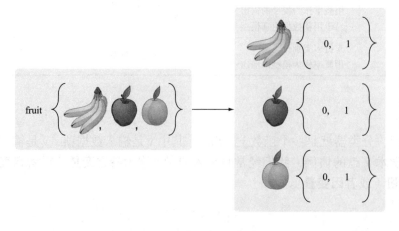

图 4.3　如果变量的值是标称值，则可能需要对它们进行预处理。一种解决方案是将每个标称值视为布尔变量，如右图所示：banana、apple 和 orange 是三个新添加的变量，每个变量的值为 0 或 1。原来的 fruit 变量被删除

正如第 3 章中所介绍的线性回归一样，学习算法必须遍历模型支持的可能函数，称为 M。在线性回归中，模型的参数是 w，利用函数 $y = M(w)$ 可以测量其损失。最后，我们选择损失最低的 w 值。回归和分类之间的唯一区别是，分类的输出不再是连续的，而是一组离散的类别标签。

练习 4.1

以下任务最好视作分类任务还是回归任务？

（a）预测股票价格；

（b）决定哪些股票应该买入、卖出或持有；

（c）以 1~10 的等级评定计算机的质量。

答案

(a) 回归，(b) 分类，(c) 都可以。

因为回归的输入 / 输出类型比分类的输入 / 输出类型更宽泛，所以没有什么能阻止你在分类任务上运行线性回归算法。事实上，这正是你要在 4.3 节中要做的。在开始编写 Tensor-Flow 代码之前，衡量分类器的能力非常重要。下一节将介绍衡量分类器有效性的最新方法。

4.2 衡量分类性能

在开始编写分类算法之前，你应该知道如何检查结果是否正确。本节介绍了在分类问题中衡量分类性能的基本方法。

4.2.1 精度

回忆一下高中或大学做过的选择题。机器学习中的分类问题与此类似。给出一段陈述，你的任务是将其归类为给定的多个候选项中的某一个。如果你只有两个选择，如在真或假中选一个，我们称之为**二元分类器**。如果这是在学校进行的分级考试，那么计算成绩的典型方法是计算正确答案的数量（#correct），并将其除以考试题的总数（#total）。

机器学习采用相同的评分策略，称为**精度**（accuracy）。精度的计算公式如下：

$$\text{accuracy} = \frac{\#correct}{\#total}$$

该公式给出了一种简单的性能评价方法，如果只关心算法的整体正确性，这就足够了。但精度并不能反映出每个标签的正确和错误分类情况。

针对这种评价方法的不足，人们又提出了一种**混淆矩阵**，它可以比较细致地评价分类器的性能，并且在每个类别上考察分类器的性能。

例如，考虑具有 "阳性"（positive）和 "阴性"（negative）这两个标签的二元分类器。如图 4.4 所示，混淆矩阵是一个表，用于预测值与实际值的比较。正确预测为阳性（positive）的数据项称为**真阳性**（True Positives，TP）。那些被错误预测为阳性的数据项称为**假阳性**（False Positives，FP）。如果算法意外地预测某个元素是阴性（negative）的，而实际上它是阳性的，我们称这种情况为**假阴性**（False Negative，FN）。最后，当预测和现实都同意数据项是阴性的时候，它被称为**真阴性**（True Negative，TN）。正如你所看到的，它被称为**混淆矩阵，**因为它使你能够轻松地看清楚模型在每个类别上的具体表现。

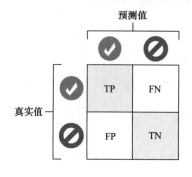

图 4.4 可以使用正（钩形符号标记）和负（禁止符号标记）标签矩阵将预测值与真实值进行比较

4.2.2 准确率和召回率

单看真阳性（TP）、假阳性（FP）、真阴性（TN）和假阴性（FN）的定义都是很有意义的，而真正的意义则是将这些指标组合起来。

真阳性与总阳性样本数量的比率称为**准确率**（precision）。它是预测正确的可能性的得分。图 4.4 的预测结果中的左列是预测为阳性的总数（TP + FP），因此准确率的计算公式如下：

$$precision = \frac{TP}{TP + FP}$$

真阳性与所有阳性样本数量的比率称为**召回率**（recall）。它衡量的是发现真阳性的比率。这是成功预测了有多少真阳性的分数（被召回的比率）。图 4.4 的预测结果中的首行是阳性样本的总数（TP + FN），因此召回率的计算公式如下：

$$recall = \frac{TP}{TP + FN}$$

简单地说，准确率是对算法正确预测的度量，而召回率则是对算法在数据集中识别出的正确事物的度量。如果准确率高于召回率，则模型更能成功识别正确的项目，而不是识别某些错误的项目，反之亦然。

我们来举一个简单的例子。假设你正试图在 100 张图片中识别猫；其中 40 张照片是猫，60 张是狗。当运行你的分类器时，其中有 20 只猫被识别为狗，有 10 只狗被识别为猫。你的混淆矩阵如图 4.5 所示。

混淆矩阵		预测结果	
		猫	狗
实际情况	猫	30 真阳性	20 假阳性
	狗	10 假阴性	40 真阴性

图 4.5 评价分类算法性能的混淆矩阵示例

你可以在预测列的左侧看到猫的总数：30 个正确识别，10 个未能正确识别，总共 40 个。（译者注：该例子中，准确率和召回率均是评价模型识别猫的性能。）

> **练习 4.2**
> 模型识别猫的准确率和召回率各是多少？模型的精度是多少？
> **答案**
> 对于识别猫，准确率是 30 / (30 + 20)，也就是 3/5。召回率是 30 / (30 + 10)，也就是 3/4。精度是 (30 + 40) / 100，也就是 70%。

4.2.3 受试者工作特征曲线

二元分类器是最受欢迎的工具之一，有很多评价其性能的成熟技术，比如受试者工作特征（Receiver Operating Curve, ROC）曲线⊖。ROC 曲线是二维坐标系下的曲线，可以让你在假阳性和真阳性之间权衡。x 轴是假阳性值的度量，y 轴是真阳性值的度量。

二元分类器将输入的特征向量简化为一个数字，然后根据该数值是否大于或小于指定阈值来确定输入样本所属的类别。在调节机器学习分类器的阈值时，可以绘制假阳性和真阳性的曲线图。

比较各种分类器的有效方法是比较它们的 ROC 曲线。当两条曲线不相交时，一种算法肯定比另一种算法好。好的算法其 ROC 曲线应该远远超过基线（Baseline）。比较分类器的定量方法是测量 ROC 曲线下方的面积。如果模型曲线下方的面积（Area Under Curve, AUC）值高于 0.9，则它是一个非常好的分类器。而随机猜测模型的 AUC 值则大约是 0.5。示例如图 4.6 所示。

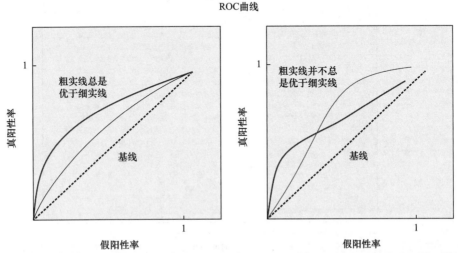

图 4.6 比较算法的代表性方法是比较它们的 ROC 曲线。当真阳性率大于每种情况下的假阳性率时，可以直接宣称该算法在其性能方面占主导地位。如果真阳性率低于假阳性率，则曲线低于虚线所示的基线

⊖ 通常直接称作 ROC 曲线。——译者注

练习 4.3

如何将 100％正确率（全部都是真阳性，没有假阳性）表示为 ROC 曲线上的一个点？

答案

100％正确率的点将位于 ROC 曲线的正 y 轴上。

4.3   用线性回归实现分类

实现分类器的最简单方法之一是改造一个线性回归算法，比如第 3 章中提到的方法。回顾一下，线性回归模型是一组形如 $f(x)= wx$ 的线性函数。函数 $f(x)$ 将连续实数作为输入，并产生连续的实数作为输出。然而分类的输出则是离散的。因此，强制回归模型产生二值输出的一种方法是将高于某个阈值的值设置为一个数（例如 1），而将低于该阈值的值设置为另外一个数（例如 0）。

下面用一个启发性的示例来介绍这种方法。想象一下，爱丽丝是一个狂热的棋手，你有她的胜负历史记录。此外，每个游戏的时间限制为 1~10min。你可以绘制每个游戏的结果，如图 4.7 所示。x 轴表示游戏的时间限制，y 轴表示她是赢（$y=1$）还是输（$y=0$）。

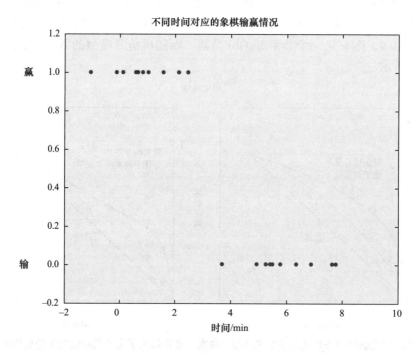

图 4.7   二元分类器训练数据集的可视化。这些数据分为两类：$y=1$ 的点和 $y=0$ 的点

从数据中可以看出，爱丽丝是一个思维敏捷的人：她总是赢得耗时短暂的比赛。但她通常会输掉时间比较长的比赛。从图中可以看出，如果能预测出游戏的时间限制就可以判断她是否会赢。

假如你想向她挑战并且确保自己会赢。如果你选择时限明显较长的一局，比如需要10min，她就会拒绝你的挑战。所以，让我们将游戏时间设置得尽可能短，这样她就会愿意与你对抗，同时又兼顾了你的强项。

数据的线性拟合方法可以有用武之地了。图 4.8 显示了使用代码 4.1（稍后会给出）中的线性回归计算的最佳拟合直线。对于爱丽丝可能获胜的比赛，该直线的值接近于 1 而不是 0。看来，当你选择的时间对应线的值小于 0.5 时（也就是说，当爱丽丝更有可能输掉而不是获胜时），你很有可能获胜。

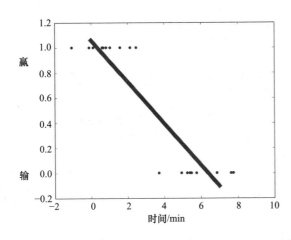

图 4.8　对角线是分类数据集上的最佳拟合线。显然，该直线不能很好地拟合数据，但它为分类新数据提供了一种粗糙的方法

该直线试图尽可能地拟合数据。由于训练数据的性质，对于正例，模型将响应接近 1 的值，对于负例，模型将响应接近 0 的值。因为使用直线对这些数据进行建模，所以某些输入可能会产生介于 0 和 1 之间的值。对于一个类别来说偏离太远的数据将导致值大于 1 或小于 0。所以需要一种方法来确定一个项目属于某个类别而不是另一个。通常，选择中间值 0.5 作为决定边界（也称为**阈值**）。此过程可以使用线性回归来实现分类。

练习 4.4
　　使用线性回归来实现分类器有什么不足？
答案
　　由于线性回归对异常值敏感，所以实现的分类器可能不够准确。

让我们来实现第一个分类器吧！打开一个新的 Python 源文件，并将其命名为 "linear.py"。使用以下代码 4.1 开始编写。在 TensorFlow 代码中，你需要首先定义占位符节点，然后通过 `session.run()` 语句将值注入其中。

代码 4.1　使用线性回归实现分类

```python
import tensorflow as tf
import numpy as np
import matplotlib.pyplot as plt

x_label0 = np.random.normal(5, 1, 10)
x_label1 = np.random.normal(2, 1, 10)
xs = np.append(x_label0, x_label1)
labels = [0.] * len(x_label0) + [1.] * len(x_label1)

plt.scatter(xs, labels)

learning_rate = 0.001
training_epochs = 1000

X = tf.placeholder("float")
Y = tf.placeholder("float")

def model(X, w):
    return tf.add(tf.multiply(w[1], tf.pow(X, 1)),
                  tf.multiply(w[0], tf.pow(X, 0)))

w = tf.Variable([0., 0.], name="parameters")
y_model = model(X, w)
cost = tf.reduce_sum(tf.square(Y-y_model))

train_op = tf.train.GradientDescentOptimizer(learning_rate).minimize(cost)
```

为TensorFlow导入核心学习算法，其中numpy用于操作数据，matplotlib用于可视化

初始化虚构数据，每个标签拥有10个数据样本

初始化数据样本的标签

绘制数据的散点图

声明超参数

为输入/输出对设置占位符节点

定义线性模型 y=w1*x+w0

定义参数变量

定义一个辅助变量，便于后续多处引用

定义代价函数

定义参数优化的规则

代码 4.1 展示了 TensorFlow 图的设计，下面的代码 4.2 将会展示如何打开新的 session 并执行这个图。train_op 用来更新模型的参数以获得越来越好的估计。在循环中多次运行 train_op，每个步骤都会迭代地改进参数估计。代码 4.2 可以生成类似于如图 4.8 所示的曲线。

代码 4.2　执行 TensorFlow 图

记录根据当前参数值计算出的损失值

```python
sess = tf.Session()
init = tf.global_variables_initializer()
sess.run(init)

for epoch in range(training_epochs):
    sess.run(train_op, feed_dict={X: xs, Y: labels})
    current_cost = sess.run(cost, feed_dict={X: xs, Y: labels})
```

打开一个新的session，并初始化变量

多次执行学习算法的运算

```
    if epoch % 100 == 0:
        print(epoch, current_cost)
```
→ 在代码运行的时候
输出日志信息

```
w_val = sess.run(w)
print('learned parameters', w_val)
```
| 输出学习到的参数值

```
sess.close()
```
← 当不再需要Session
的时候就关闭它

```
all_xs = np.linspace(0, 10, 100)
plt.plot(all_xs, all_xs*w_val[1] + w_val[0])
plt.show()
```
| 绘制最佳拟合直线

可以通过统计出正确预测的数量并计算成功率来衡量是否成功。在下面的代码 4.3 中，将在之前的"linear. py"代码中添加两个节点，correct_prediction 和 accuracy，然后输出 accuracy 的值查看成功率。该代码在关闭 session 之前可以被正确地执行。

代码 4.3　衡量精度

如果模型的输出值大于0.5，则是
positive标签，否则是negative标签

```
correct_prediction = tf.equal(Y, tf.to_float(tf.greater(y_model, 0.5)))  ←
accuracy = tf.reduce_mean(tf.to_float(correct_prediction))

    print('accuracy', sess.run(accuracy, feed_dict={X: xs, Y: labels}))  ←
```

计算预测成功率

根据提供的输入来输出精度值

代码 4.3 产生以下输出：

```
('learned parameters', array([ 1.2816, -0.2171], dtype=float32))
('accuracy', 0.95)
```

如果分类很容易解决，那么本章到此就会结束。但是，如果模型的训练数据包含较多的极端数据（也称为**异常值**），线性回归方法就会失效。

例如，假设爱丽丝输掉了一场需要耗时 20min 的比赛。分类器的训练数据集就会包含这条异常数据。下面的代码将其中一条训练数据的比赛时间替换为 20。让我们看看引入的异常值是如何影响分类器性能的。

代码 4.4　线性回归对异常数据分类的失效

```
x_label0 = np.append(np.random.normal(5, 1, 9), 20)
```

重新运行修改后的代码，会得到类似于图 4.9 的结果。

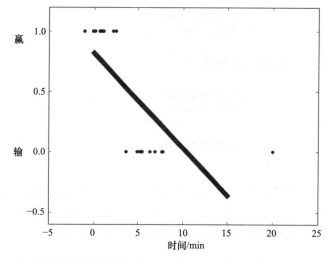

图 4.9　一个新的训练数据（值为 20）严重影响了最佳拟合直线。拟合直线对异常数据太敏感，因此线性回归只能实现一个粗糙的分类器

初始的分类器预测爱丽丝在 3min 的比赛中可能会输，她可能会同意进行这么短的比赛。分类器被修改之后，如果仍然采用 0.5 作为阈值，则分类器会给出爱丽丝输掉比赛的最短时长是 5min 的建议。爱丽丝很可能会拒绝参加这么长时间的比赛。

4.4　逻辑斯谛回归

逻辑斯谛回归（Logistic Regression）是一种在精度和性能方面均有理论保证的分析方法，它与线性回归类似，但是代价函数略有不同，而且对模型的输出进行了简单的转换。

再次回顾如下的线性函数：

$$y(x) = wx$$

在线性回归中，具有非零斜率的直线可以从负无穷大延伸到正无穷大。如果分类结果只能是 0 或 1，那么利用这个特点设计出的拟合函数就很直观。幸运的是，图 4.10 中描述的 sigmoid 函数就可以用于拟合函数，因为它可以快速收敛到 0 或 1。

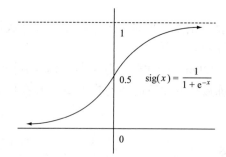

图 4.10　sigmoid 函数的可视化

当 x 是 0，sigmoid 函数值是 0.5。随着 x 的增大，函数收敛到 1，当 x 趋于负无穷时，函数收敛到 0。

逻辑斯谛回归的模型在形式上其实就是 sig(linear(x))。事实证明，该函数的最佳拟合参数意味着两个类之间的线性分割。该分割线也称为**线性决策边界**。

4.4.1　求解一维逻辑斯谛回归

逻辑斯谛回归中使用的代价函数与线性回归中使用的损失函数略有不同。虽然可以使用与线性回归相同的代价函数，但不保证能得到最佳结果。Sigmoid 函数是关键原因，因为它会使代价函数出现波动。TensorFlow 以及大多数其他机器学习库在简单的代价函数上表现得都很好。学者们已经找到了一种改进代价函数的简洁方法，从而可以使用 sigmoid 函数进行逻辑斯谛回归。

实际值 y 和模型输出值 h 之间的新代价函数描述为如下的两部分等式：

$$\text{Cost}(y, h) = \begin{cases} -\log(h), & y = 1 \\ -\log(1 - h), & y = 0 \end{cases}$$

上面的两部分公式可以合并为一个公式：

$$\text{Cost}(y, h) = -y\log(h) - (1-y)\log(1-h)$$

这个函数恰好满足高效和优化学习的两个要求。具体来说，它是凸的（不要纠结这是什么意思）。优化的过程就是尝试将损失降至最低：将损失视为海拔，则代价函数就可以被视为地形。你试图找到地形中的最低点。如果没有地方可以往上爬，那么找到地形中的最低点要容易得多。称这样的地形为**凸**的，因为没有大大小小的山丘。

可以把优化学习想象成一个从山上滚下来的球。球最终落到底部的点就是**最佳点**。非凸函数可能具有崎岖的地形，因此难以预测球将滚动到哪里去。它甚至有可能无法到达最低点。因为函数是凸的，所以算法很容易最小化这个损失，并"将球滚下山"。

代价函数不仅要求是凸的，还要保证正确性。如何知道这个代价函数完全符合预期呢？要直观地回答这个问题，请看图 4.11。如果希望所需的值为 1，请使用 $-\log(x)$ 来计算损失 [注意：$-\log(1)= 0$]。该算法不会将 x 值设置为 0，因为损失会接近无穷大。将这些函数组合在一起会得到一条曲线，该曲线在 0 和 1 处都接近无穷大，负的部分则被抵消。

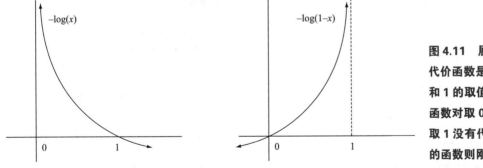

图 4.11　展示了两个代价函数是如何惩罚 0 和 1 的取值。左边的函数对取 0 惩罚很大，取 1 没有代价，右边的函数则刚好相反

图是一种形象的解释方式，但关于代价函数为何最优的技术讨论已经超出了本书的范围。如果你对它背后的数学感兴趣，你会了解到代价函数是从最大熵原理推导出来的，推导过程可以在网上搜到。

图 4.12 展示出了一维数据集上逻辑斯谛回归的最佳拟合曲线，可以看出 sigmoid 曲线（S 形曲线）是比线性回归更好的线性决策边界。

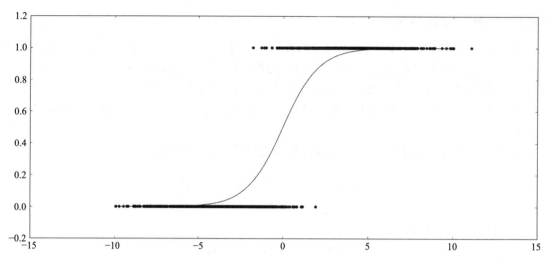

图 4.12　二元分类数据集上的最佳拟合 sigmoid 曲线。曲线被限制在 *y*=0 和 *y*=1 之间，对异常数据不敏感

　　总结一下 TensorFlow 代码的基本思路。在 TensorFlow 的简单或者典型用法中，首先，生成虚构数据集，并定义占位符、变量、模型，以及模型的代价函数（通常是均方误差或均方对数误差）；然后，应用梯度下降定义 train_op，并迭代地为其提供样本数据（可能带有标签或输出）；最后，得到优化值。接下来，创建一个名为"logistic_1d.py"的新的源文件，并将代码 4.5 复制到新建的源文件中，运行代码后将生成图 4.12 的结果。

代码 4.5　一维数据集逻辑斯谛回归

```
import numpy as np
import tensorflow as tf                        导入相关的库
import matplotlib.pyplot as plt
learning_rate = 0.01
training_epochs = 1000                          定义超参数


def sigmoid(x):                                 定义辅助函数
    return 1. / (1. + np.exp(-x))               以计算sigmoid函数


x1 = np.random.normal(-4, 2, 1000)
x2 = np.random.normal(4, 2, 1000)
xs = np.append(x1, x2)                          初始化虚构数据
ys = np.asarray([0.] * len(x1) + [1.] * len(x2))

                                                将数据可视化
plt.scatter(xs, ys)

X = tf.placeholder(tf.float32, shape=(None,), name="x")
Y = tf.placeholder(tf.float32, shape=(None,), name="y")    定义输入/输出占位符
w = tf.Variable([0., 0.], name="parameter", trainable=True)
y_model = tf.sigmoid(w[1] * X + w[0])
cost = tf.reduce_mean(-Y * tf.log(y_model) - (1 - Y) * tf.log(1 - y_model))
```

定义参数节点

使用TensorFlow的
sigmoid函数来定义模型

定义交叉熵代价函数

```
                  train_op = tf.train.GradientDescentOptimizer(learning_rate).minimize(cost)

                  with tf.Session() as sess:
                      sess.run(tf.global_variables_initializer())
                      prev_err = 0
                      for epoch in range(training_epochs):
                          err, _ = sess.run([cost, train_op], {X: xs, Y: ys})
                          print(epoch, err)
                          if abs(prev_err - err) < 0.0001:
                              break
                          prev_err = err
                      w_val = sess.run(w, {X: xs, Y: ys})

                  all_xs = np.linspace(-10, 10, 100)
                  plt.plot(all_xs, sigmoid((all_xs * w_val[1] + w_val[0])))
                  plt.show()
```

定义最小优化运算

打开session并初始化变量

检查是否收敛；如果变化小于0.01%就停止迭代

计算损失并更新学习参数

迭代直至收敛或者达到最大迭代次数

定义该变量以跟踪上一轮的误差

绘制学习到的sigmoid曲线

取得学习到的参数值

更新上一轮的误差

TensorFlow 中的交叉熵损失

如代码 4.5 所示，交叉熵损失是使用 `tf.reduce_mean` 对每一个输入 / 输出对的运算结果取平均。另一个方便且通用的函数是 `tf.nn.softmax_cross_entropy_with_logits`。可以从官方文档了解这个函数：http://mng.bz/8mEk。

假定你正在和爱丽丝下棋，你现在就已经拥有了一个二元分类器，它可以确定一个阈值，并提示你多长时间的比赛可能会赢（或者输）。

4.4.2 求解二维逻辑斯谛回归

现在我们将探讨在多个独立变量（也叫自变量）上如何使用逻辑斯谛回归。独立变量的数量对应于维度的数量。在我们的例子中，二维逻辑斯谛回归问题将尝试为一对独立变量打上分类标签。本节介绍的方法可推广到任意维度。

注意 假设你正在考虑购买新手机。你最关心的属性是操作系统、大小和价格。目标是确定手机是否值得购买。在这种情况下，有三个自变量（手机的属性）和一个因变量（是否值得购买）。因此，我们将其视为输入向量是三维的分类问题。

考虑图 4.13 所示的数据集。它代表了一个城市中两个团伙的犯罪活动。第一个维度是 *x* 轴，可以认为是纬度，第二个维度是 *y* 轴，代表经度。在坐标点（3,2）和（7,6）处各有一个集群。你的工作是决定哪个团伙最有可能对坐标为（6,4）的这个地点所发生的新犯罪活动负责。

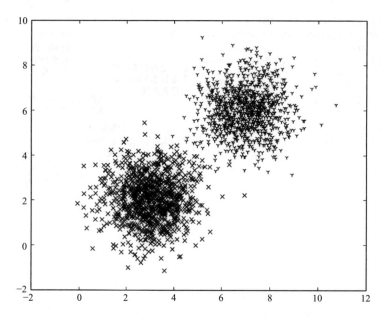

图 4.13　*x* 轴和 *y* 轴分别代表两个自变量，因变量有两个可能的值，由数据点的形状表示

　　创建一个新的源代码文件"logistic_2d.py"，并参照代码 4.6 编写代码。

代码 4.6　建立二维变量逻辑斯谛回归的数据

```
import numpy as np
import tensorflow as tf                      导入相关的库
import matplotlib.pyplot as plt

learning_rate = 0.1                          定义超参数
training_epochs = 2000


def sigmoid(x):
    return 1. / (1. + np.exp(-x))            定义辅助sigmoid函数

x1_label1 = np.random.normal(3, 1, 1000)
x2_label1 = np.random.normal(2, 1, 1000)
x1_label2 = np.random.normal(7, 1, 1000)
x2_label2 = np.random.normal(6, 1, 1000)     初始化虚
x1s = np.append(x1_label1, x1_label2)        构数据
x2s = np.append(x2_label1, x2_label2)
ys = np.asarray([0.] * len(x1_label1) + [1.] * len(x1_label2))
```

　　由于有两个自变量（x_1 和 x_2），所以可以采用下面的公式把两个输入映射到一个输出 $M(x)$ 中，其中的 w 是要使用 TensorFlow 学习的参数。

$$M(x; w)= \text{sig}(w_2 x_2 + w_1 x_1 + w_0)$$

下面的代码 4.7 实现了这个公式以及参数学习对应的代价函数。

代码 4.7　使用 TensorFlow 实现多维逻辑斯谛回归

用输入变量定义sigmoid函数

```python
X1 = tf.placeholder(tf.float32, shape=(None,), name="x1")
X2 = tf.placeholder(tf.float32, shape=(None,), name="x2")
Y = tf.placeholder(tf.float32, shape=(None,), name="y")
w = tf.Variable([0., 0., 0.], name="w", trainable=True)
```

定义输入/输出占位符节点

定义参数节点

定义学习算法

```python
y_model=tf.sigmoid(w[2]*X2+w[1]*X1+w[0])
cost = tf.reduce_mean(-tf.log(y_model * Y + (1 - y_model) * (1 - Y)))
train_op = tf.train.GradientDescentOptimizer(learning_rate).minimize(cost)

with tf.Session() as sess:
    sess.run(tf.global_variables_initializer())
    prev_err = 0
    for epoch in range(training_epochs):
        err, _ = sess.run([cost, train_op], {X1: x1s, X2: x2s, Y: ys})
        print(epoch, err)
        if abs(prev_err - err) < 0.0001:
            break
        prev_err = err
    w_val = sess.run(w, {X1: x1s, X2: x2s, Y: ys})

x1_boundary, x2_boundary = [], []
for x1_test in np.linspace(0, 10, 100):
    for x2_test in np.linspace(0, 10, 100):
```

生成一个新的session并初始化变量，学习参数直至收敛

定义数组用于存放边界数据点

循环窗口里的每一个数据点

在session关闭前取得学习到的参数值

如果模型的输出接近于0.5，则更新边界的数据点

```python
        z = sigmoid(-x2_test*w_val[2] - x1_test*w_val[1] - w_val[0])
        if abs(z - 0.5) < 0.01:
            x1_boundary.append(x1_test)
            x2_boundary.append(x2_test)
```

```python
plt.scatter(x1_boundary, x2_boundary, c='b', marker='o', s=20)
plt.scatter(x1_label1, x2_label1, c='r', marker='x', s=20)
plt.scatter(x1_label2, x2_label2, c='g', marker='1', s=20)
plt.show()
```

用数据点显示出边界线

　　图 4.14 展示了从训练数据中学习到的边界线，这条直线上所发生的犯罪事件出自两个团伙的概率是相等的。

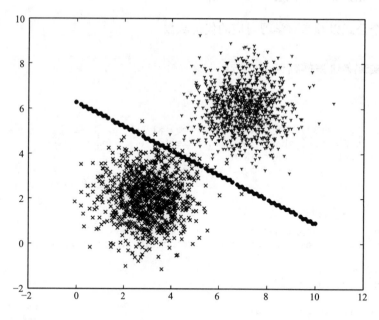

图 4.14　对角虚线表示分类到两边的概率是均等的，随着数据点离虚线越远模型做出决策的可信度越大

4.5　多类别分类器

到此为止，分类器已涉及多维度输入，但并没有涉及如图 4.15 所示的多元输出。比如，数据除了二分类标签外，还可能有 3 个标签、4 个标签或者 100 个标签。逻辑斯谛回归只能处理两个标签的情况。

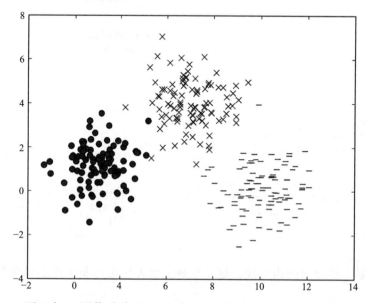

图 4.15　自变量是二维的，由 x 轴和 y 轴表示，因变量可以是 3 个标签之一，由数据点的形状来表示

再比如，图像分类是一种常见的多变量分类问题，因为目标是从候选集合中确定图像的类别。照片可能会被分成几百个类别中的一个。

要处理两个以上的标签，可以巧妙地重用逻辑斯谛回归（使用一对多或一对一的方法）或设计一种新方法（softmax 回归）。下一节我们将会介绍这两种方法。逻辑斯谛回归方法需要大量的特定技巧，所以我们将重点关注 softmax 回归。

4.5.1　一对多

首先，为每个标签训练一个分类器，如图 4.16 所示。如果有三个标签，则可以使用三个分类器：f1、f2 和 f3。要测试新数据，就运行每个分类器以查看哪个分类器给出的分类概率最大。直观地，这种方法是通过最大概率地响应分类器的标签来标记新数据的。

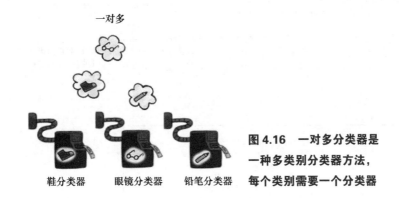

一对多

鞋分类器　　　眼镜分类器　　　铅笔分类器

图 4.16　一对多分类器是一种多类别分类器方法，每个类别需要一个分类器

4.5.2　一对一

也可以为每对标签训练一个分类器（见图 4.17）。如果有三个标签，则只有三个唯一对。但对于 k 个标签，将会有 $k(k-1)/2$ 对标签。在新数据上运行所有分类器，并选择命中次数最多的类。

一对一

鞋-眼镜
分类器　　　　铅笔-鞋
分类器　　　　铅笔-眼镜
分类器

图 4.17　一对一分类器要求每一对类别需要一个分类器

4.5.3　softmax 回归

softmax 回归以传统的 max 函数命名，输入一个向量并返回最大值；但 softmax 并不仅仅是一个 max 函数，它还具有连续和可微分的特点，从而可以有效应用随机梯度下降。

在多类别分类任务中，每个类对每个输入向量都具有置信（或概率）值。softmax 函数选择得分最高的输出。

新建一个源文件 "softmax.py"，参照下面的代码 4.8 进行编码，此代码将对虚构数据进行可视化，可视化的结果如图 4.15 所示（图 4.18 是对该结果的再现）。

代码 4.8　可视化多类别分类数据

```
import numpy as np                                        导入numPy和matplotlib
import matplotlib.pyplot as plt

x1_label0 = np.random.normal(1, 1, (100, 1))             生成坐标(1, 1)附近的数据点
x2_label0 = np.random.normal(1, 1, (100, 1))
x1_label1 = np.random.normal(5, 1, (100, 1))             生成坐标(5, 4)附近的数据点
x2_label1 = np.random.normal(4, 1, (100, 1))
x1_label2 = np.random.normal(8, 1, (100, 1))             生成坐标(8, 0)附近的数据点
x2_label2 = np.random.normal(0, 1, (100, 1))

plt.scatter(x1_label0, x2_label0, c='r', marker='o', s=60)    用散点图可视化三
plt.scatter(x1_label1, x2_label1, c='g', marker='x', s=60)    类标签的数据
plt.scatter(x1_label2, x2_label2, c='b', marker='_', s=60)
plt.show()
```

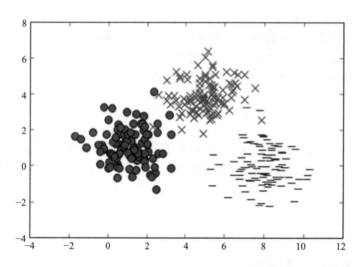

图 4.18　多类别分类训练数据的二维可视化

接下来，在代码 4.9 中，你将准备训练数据和测试数据以用于 softmax 回归。标签必须为向量，并且向量中只有一个元素为 1，其余元素为 0。这种表示方式被称为**独热**（one-hot）编码。例如，如果有三个标签，则它们将表示为向量：[1,0,0]、[0,1,0] 和 [0,0,1]。

练习 4.5

独热编码似乎是毫无必要的一步，为什么不设计成一维输出，直接用 1、2、3 分别表示三个类别呢？

答案

回归可能会在输出中归纳出语义结构。如果输出相似，则回归意味着它们的输入也相似。如果只使用一个维度，那么结果意味着标签 2 和 3 比 1 和 3 更相似。你必须避免做出不必要或不正确的假设，所以使用独热编码是一种安全的方案。

代码 4.9　建立多类别分类的训练数据和测试数据

```
xs_label0 = np.hstack((x1_label0, x2_label0))
xs_label1 = np.hstack((x1_label1, x2_label1))
xs_label2 = np.hstack((x1_label2, x2_label2))
xs = np.vstack((xs_label0, xs_label1, xs_label2))
```
把输入数据合并为一个大矩阵

```
labels = np.matrix([[1., 0., 0.]] * len(x1_label0) + [[0., 1., 0.]] *
    len(x1_label1) + [[0., 0., 1.]] * len(x1_label2))
```
生成对应标签的独热表示

```
arr = np.arange(xs.shape[0])
np.random.shuffle(arr)
xs = xs[arr, :]
labels = labels[arr, :]
```
将数据集打乱

```
test_x1_label0 = np.random.normal(1, 1, (10, 1))
test_x2_label0 = np.random.normal(1, 1, (10, 1))
test_x1_label1 = np.random.normal(5, 1, (10, 1))
test_x2_label1 = np.random.normal(4, 1, (10, 1))
test_x1_label2 = np.random.normal(8, 1, (10, 1))
test_x2_label2 = np.random.normal(0, 1, (10, 1))
test_xs_label0 = np.hstack((test_x1_label0, test_x2_label0))
test_xs_label1 = np.hstack((test_x1_label1, test_x2_label1))
test_xs_label2 = np.hstack((test_x1_label2, test_x2_label2))

test_xs = np.vstack((test_xs_label0, test_xs_label1, test_xs_label2))
test_labels = np.matrix([[1., 0., 0.]] * 10 + [[0., 1., 0.]] * 10 + [[0., 0.,
    1.]] * 10)
```
构造测试数据集及其标签

```
train_size, num_features = xs.shape
```
训练数据集矩阵的形状信息，包括样本数量和每个样本的特征数量(也就是2)

代码 4.10 示例了 softmax 回归。与逻辑斯谛回归中的 sigmoid 函数不同，这里使用 TensorFlow 库提供的 softmax 函数。softmax 函数类似于 max 函数，可以从一组数中输出最大值。之所以称为 softmax，因为它是 max 函数的"柔和的"或"平滑的"近似值，而 max 函数通常不是平滑或连续的。连续和平滑的功能有助于通过反向传播来学习神经网络的权重。

练习 4.6

下面哪些函数是连续的？

$f(x) = x2$

$f(x) = \min(x, 0)$

$f(x) = \tan(x)$

答案

前两个函数是连续的，而 $\tan(x)$ 则有多条周期性的渐近线，所以有些值是无效值，因此不连续。

代码 4.10　使用 softmax 回归

```
import tensorflow as tf

learning_rate = 0.01
training_epochs = 1000          定义超参数
num_labels = 3
batch_size = 100


        X = tf.placeholder("float", shape=[None, num_features])
        Y = tf.placeholder("float", shape=[None, num_labels])          定义输入/输出占位符节点


        W = tf.Variable(tf.zeros([num_features, num_labels]))
        b = tf.Variable(tf.zeros([num_labels]))                       定义模型参数
        y_model = tf.nn.softmax(tf.matmul(X, W) + b)
                                                                定义softmax模型
设计学
习算法   cost = -tf.reduce_sum(Y * tf.log(y_model))
        train_op = tf.train.GradientDescentOptimizer(learning_rate).minimize(cost)

        correct_prediction = tf.equal(tf.argmax(y_model, 1), tf.argmax(Y, 1))
        accuracy = tf.reduce_mean(tf.cast(correct_prediction, "float"))


                                                        定义衡量模型
                                                        精度的运算
```

　　定义完 TensorFlow 运算图后就可以在 session 中执行它。这一次使用一种新的迭代方式来更新参数，称为**批量学习**。该方法不是一次输入一条数据，而是通过优化算法批量地输入数据。这样虽然可以加快优化速度，但也存在着收敛到局部最优解而非全局最优解的风险。可使用以下代码 4.11 来执行批量优化。

代码 4.11　执行运算图

根据当前批量的大小从　　　　　　　　　　　　　　　　　　　　单轮循环直至
数据集里取出一批数据　　　　　　　　　　　　　　　　　　　　遍历所有批量
　　　　　　　　　　　　　　　　　　　　　　　　　　　　　　数据

```
with tf.Session() as sess:                     打开新的 session,
    tf.global_variables_initializer().run()     并初始化所有变量

    for step in range(training_epochs * train_size // batch_size):
        offset = (step * batch_size) % train_size
        batch_xs = xs[offset:(offset + batch_size), :]
        batch_labels = labels[offset:(offset + batch_size)]
        err, _ = sess.run([cost, train_op], feed_dict={X: batch_xs, Y:
batch_labels})
        print (step, err)                在批量数据上
                                         运行优化算法
              输出优化过
              程中的误差
```

```
W_val = sess.run(W)
print('w', W_val)                 输出最终学              输出模型在测试
b_val = sess.run(b)               习到的参数             数据上的精度
print('b', b_val)
print("accuracy", accuracy.eval(feed_dict={X: test_xs, Y: test_labels}))  ◄─┘
```

Softmax 回归在数据集上的最终输出结果如下：

```
('w', array([[-2.101, -0.021,  2.122],
             [-0.371,  2.229, -1.858]], dtype=float32))
('b', array([10.305, -2.612, -7.693], dtype=float32))
Accuracy 1.0
```

至此，我们已经完成了模型权重和偏差的学习，现在可以重用这些学习到的参数来推断测试数据。一种简单方法是使用 TensorFlow 的 Saver 对象来保存和加载这些参数（请参阅 www.tensorflow.org/programmers_guide/saved_model），然后运行模型（在我们的代码中称为 y_model）来测试自己的数据。

4.6　分类的应用

情绪是一个复杂的概念。幸福、悲伤、愤怒、兴奋和恐惧是主观情绪的例子。对某人来说令人兴奋的事情可能会让另一个人感到讽刺。而向某些人传达愤怒的文字可能会将恐惧传达给他人。如果人类理解起来都有麻烦，对计算机来说又何尝不是呢？

机器学习研究人员已经有方法对文本中表达的情感进行积极和消极的分类。例如，假设你正在构建类似亚马逊的网站，其中每件商品都有用户评论。你希望智能搜索引擎更偏向于具有正面评价的商品。也许你可以用到的最好指标是平均星级评分或点赞次数。但是，如果你有很多没有明确评级的大段评论该怎么办呢？

情感分析可以视为二元分类问题。它的输入是自然语言文本，输出则是二元决策，以推断正面或负面情绪。以下是可以用于解决此问题的数据集。

- 大规模电影评论数据集为 http://mng.bz/60nj。
- 语句情感标注数据集为 http://mng.bz/CzSM。
- Twitter 情感分析数据集为 http://mng.bz/2M4d。

最大的困难是如何将原始文本表示为分类算法的输入。在本章中，分类输入始终是一个特征向量。将原始文本转换为特征向量的最古老的方法之一称为**词袋**。你可以在网上找到一个很好的教程和代码实现（http://mng.bz/K8yz）。

4.7　小结

- 有许多可以解决分类问题的方法，但逻辑斯谛回归和 softmax 回归在准确性和性能方面是十分强大的两种方法。
- 在运行分类前预处理数据非常重要。例如，离散的自变量可以表示为二值变量。
- 到目前为止，我们已经从回归的角度介绍了分类。在后面的章节中，将介绍如何使

用神经网络来进行分类。

- 有多种方法可以实现多类别的分类。在一对一、一对多和 softmax 回归中，优先使用哪种方法并没有明确的答案，但 softmax 方法更加方便，并且它有更多的超参数可以调节。

第5章
自动聚类数据

本章要点
- 使用 k- 均值进行基本聚类
- 表示音频数据
- 音频切割
- 使用自组织映射进行聚类

假设我们的硬盘驱动器上收藏了很多首正版、完全合法的 MP3。所有歌曲都被存放在一个巨大的文件夹中。自动将类似歌曲分组为乡村、说唱和摇滚等类别可以有助于管理它们。这种将元素以无监督的方式分配给一个组（例如分配一首 MP3 到一个播放列表）的行为称为**聚类**。

第 4 章介绍的分类任务均假定已经给定了正确标注类别的训练数据集。然而，在真实任务中并不总能收集到这么宝贵的标注数据。例如，假设我们想将大量音乐分组为自己感兴趣的播放列表，但是如果无法直接访问列表中的元数据（并不知道有哪些列表），又该如何将这些歌曲分组呢？

Spotify、SoundCloud、Google Music、Pandora，以及其他音乐流媒体服务都在尝试解决此问题，以便向用户推荐类似的歌曲。他们的方法融合了各种机器学习中的技术，但聚类通常是解决方案的核心部分。

聚类是将数据智能分组的过程。总体思想是，同一集群中的两个元素比分属两个集群的元素"更紧密"。这是一般性定义，而"**紧密**"的定义则是开放的。例如，也许猎豹和豹子属于同一群体，而大象属于另一群体，因为在这个场景中，紧密度是通过生物分类（科、属和物种）层级中两个物种的相似性来衡量的。

聚类算法有很多类型，本章重点介绍两种类型：k-均值和**自组织映射**。这些方法是无监督的，这意味着它们适合没有确定标准的场景。

在本章中，我们首先会学习如何将音频文件加载到 TensorFlow 中并将其表示为特征向量。然后，我们将实现各种聚类技术来解决现实世界中的问题。

5.1 在 TensorFlow 中遍历文件

音频和图像文件是机器学习算法中常见的数据输入类型。这并不奇怪，因为录音和照片是最原始的，信息冗余的，并且语义混乱。机器学习正是帮助处理这些复杂情况的工具。

这些数据文件具有各种具体的格式：例如，图像可以是 PNG 或 JPEG 文件，音频文件可以是 MP3 或 WAV 格式。在本章中，我们将研究如何读取音频文件作为聚类算法的输入，并把听起来相似的音乐自动分组。

> **练习 5.1**
> MP3 和 WAV 格式的音频文件各有什么优点和不足？PNG 和 JPEG 格式的图片文件又如何呢？
> **答案**
> MP3 和 JPEG 格式都对原始数据进行了很大程度的压缩，这样便于文件的存储和传输，但是在压缩过程中有信息损失。WAV 和 PNG 格式的文件则更接近于原始内容。

从磁盘读取文件不是机器学习要做的事情，因为我们可以通过各种 Python 库将文件加载到内存中，例如 NumPy 或 SciPy。有些开发人员喜欢将数据预处理步骤与机器学习步骤分开处理，这样管理流程无所谓好坏，但我们将尝试在数据预处理和学习阶段都使用 TensorFlow。

TensorFlow 提供了一个名为 `tf.train.match_filenames_once()` 的运算来列出

目录中的文件，然后可以将文件名传递给文件处理队列运算 `tf.train.string_input_producer()`。这样，就可以每次只访问一个文件名，而不必再一次加载所有内容。给定文件名后，就可以从文件中检索可用数据。图 5.1 概述了使用文件处理队列的整个过程。

代码 5.1　遍历文件夹读取文件数据

保存与指定模式匹配的文件名

创建一个队列用于逐个取得文件名

```
import tensorflow as tf

filenames = tf.train.match_filenames_once('./audio_dataset/*.wav')
count_num_files = tf.size(filenames)
filename_queue = tf.train.string_input_producer(filenames)
reader = tf.WholeFileReader()
filename, file_contents = reader.read(filename_queue)

with tf.Session() as sess:
    sess.run(tf.global_variables_initializer())
    num_files = sess.run(count_num_files)

    coord = tf.train.Coordinator()
    threads = tf.train.start_queue_runners(coord=coord)

    for i in range(num_files):
        audio_file = sess.run(filename)
        print(audio_file)
```

生成一个读取文件的 reader 对象

使用 reader 读取文件数据

累计文件数量

初始化文件名队列的线程

通过循环逐个访问文件

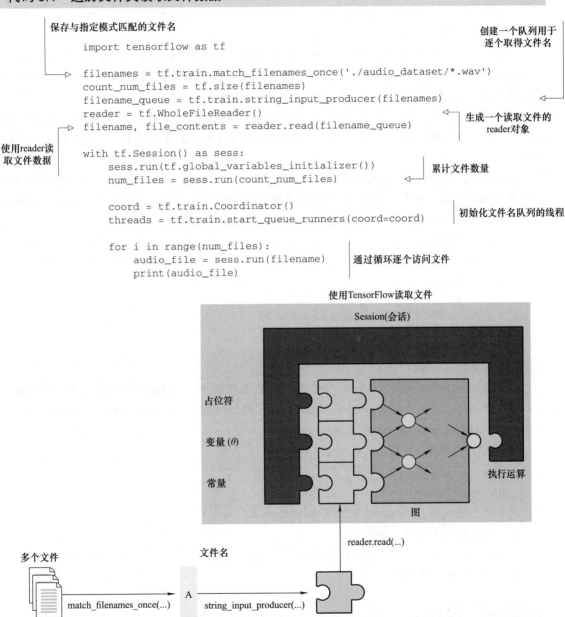

图 5.1　在 TensorFlow 中使用队列读取文件。队列是 TensorFlow 自带的，使用 reader.read() 函数读取文件并把文件从队列里取出

提示　如果代码 5.1 不能运行，请参照本书官方论坛上的建议：http://mng.bz/ Q9aD。

5.2　从音频文件中抽取特征

机器学习算法把特征向量作为输入。然而声音文件的格式很不同，需要从声音文件里抽取特征以生成特征向量。

了解一下这些声音文件是如何表示的很有必要。如果你曾经见过黑胶唱片，就可能已经注意到音频的表现形式是磁盘中参差不齐的凹槽。我们的耳朵通过空气中的一系列振动来解读音频。而通过记录振动特性，算法也可以以数据格式存储声音。

真实世界是连续的，但计算机却以离散值存储数据。声音可以通过模 - 数转换器（ADC）数字化为离散表示。可以将声音视为声波随时间的波动。但这些数据太嘈杂，难以理解。

表示波的等价方法是记录每个时间间隔的频率。这种观点称为**频域**。通过使用称为**离散傅里叶变换**的数学运算（通常使用**快速傅里叶变换**的算法实现），可以很容易地在时域和频域之间进行转换。接下来将使用此技术从声音中提取特征向量。

有一个方便的 Python 库可以用来查看频域格式的音频。可从这个链接下载 https://github.com/BinRoot/BregmanToolkit/archive/master.zip，解压后运行以下命令安装这个工具（在 Python 2 环境）：

```
$ python setup.py install
```

安装注意事项（译者补充）

BregmanToolkit 的官方版本只被 Python 2 支持，并且 TensorFlow 也只能在 Linux 系统的 Python 2 上运行。因此，需要把 Python 的环境切换到 Linux 系统的 Python 2 下，安装完成 bregman 之后，还要安装以下库：

pip install matplotlib

pip install scipy

pip install Pillow

另外，还需要在 Linux 系统上安装 python-tk，安装命令如下：

sudo apt-get install python-tk

输入"python"，在 Python 环境下执行"import bregman"命令，如果没有任何异常，就说明 bregman 在 Python 2 下安装成功。

对 Python 2 的要求

BregmanToolkit 的官方版本只被 Python 2 支持。如果你使用的是 Jupyter Notebook，就能够访问 Python 的两个版本，可通过 Jupyter 官方文档获得帮助：http://mng.bz/ebvw。

可以通过如下两个命令来安装 Python 2：
```
$ python2 -m pip install ipykernel
$ python2 -m -ipykernel install --user
```

声音可能包含12种音高。在音乐术语中，12个音高分别是 C、C♯、D、D♯、E、F、F♯、G、G♯、A、A♯和B。代码 5.2 显示了如何以 0.1s 的间隔查询每个音高的贡献，从而产生一个 12 行的矩阵。列数随着音频文件长度的增加而增长。具体来说，t 秒时音频将有 $10 \times t$ 列。该矩阵也称为音频的**色度图**。

代码 5.2　用 Python 实现音频的表示

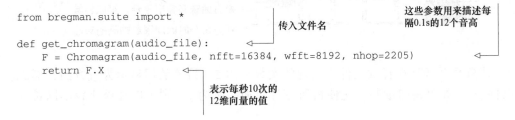

```
from bregman.suite import *

def get_chromagram(audio_file):
    F = Chromagram(audio_file, nfft=16384, wfft=8192, nhop=2205)
    return F.X
```

传入文件名

这些参数用来描述每隔0.1s的12个音高

表示每秒10次的12维向量的值

色度图输出是一个矩阵，如图 5.2 所示。声音片段可以通过色度图的形式读取，因此色度图是生成声音片段的源数据。有了色度图，就可以在音频和矩阵之间进行转换了。大多数机器学习算法都接受特征向量作为有效的数据形式。第一个要接触的机器学习算法是 k-均值聚类。

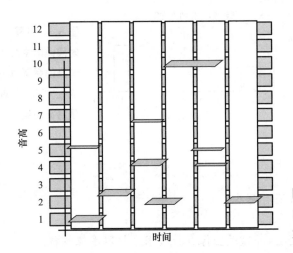

图 5.2　色度图矩阵，其中 x 轴表示时间，y 轴表示音高类别，平行四边形表示对应时间的音高

要在色度图上运行机器学习算法，首先，需要确定如何表示特征向量。一种方法是用每个时间间隔最重要的音高类别来简化音频，如图 5.3 所示。

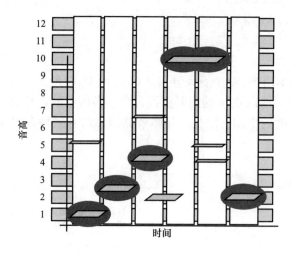

图 5.3　每个时间间隔中最有影响力的音高突出显示，可以将其视为每个时间间隔最响亮的音高

　　然后，计算每个音高在音频文件中出现的次数。图 5.4 将该数据显示为直方图，形成一个 12 维向量。 如果将向量归一化使得所有计数加起来为 1，则可以轻松比较不同长度的音频。

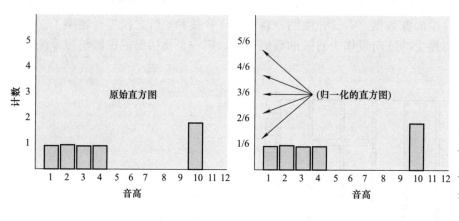

图 5.4　计算每个时间间隔中最大音高的频率以生成直方图，这就是特征向量

练习 5.2

　　把音频表示为特征向量的其他方法还有哪些？

答案

　　将音频可视化为图像（例如频谱图），并通过图像分析技术来提取图像特征。

参照下面的代码 5.3 生成图 5.4 所示的直方图，从而得到特征向量。

代码 5.3　为 *k*- 均值算法准备数据集

```python
import tensorflow as tf
import numpy as np
from bregman.suite import *



filenames = tf.train.match_filenames_once('./audio_dataset/*.wav')
count_num_files = tf.size(filenames)
filename_queue = tf.train.string_input_producer(filenames)
reader = tf.WholeFileReader()
filename, file_contents = reader.read(filename_queue)

chroma = tf.placeholder(tf.float32)
max_freqs = tf.argmax(chroma, 0)

def get_next_chromagram(sess):
    audio_file = sess.run(filename)
    F = Chromagram(audio_file, nfft=16384, wfft=8192, nhop=2205)
    return F.X

def extract_feature_vector(sess, chroma_data):
    num_features, num_samples = np.shape(chroma_data)
    freq_vals = sess.run(max_freqs, feed_dict={chroma: chroma_data})
    hist, bins = np.histogram(freq_vals, bins=range(num_features + 1))
    return hist.astype(float) / num_samples

def get_dataset(sess):
    num_files = sess.run(count_num_files)
    coord = tf.train.Coordinator()
    threads = tf.train.start_queue_runners(coord=coord)
    xs = []
    for _ in range(num_files):
        chroma_data = get_next_chromagram(sess)
        x = [extract_feature_vector(sess, chroma_data)]
        x = np.matrix(x)
        if len(xs) == 0:
            xs = x
        else:
            xs = np.vstack((xs, x))
    return xs
```

创建一个能够识别出贡献最大音高的运算

创建一个矩阵，它的每一行对应一个数据项

把色度图转换为特征向量

　　注意　本书所有的代码都可以从网站 https://www.manning.com/ books/machine-learning-with-tensorflow， 或 者 https://github.com/BinRoot/TensorFlow-Book/tree/master/ch05_clustering 上下载。

5.3　*k*- 均值聚类

　　k- 均值聚类算法是最古老也最强大的数据聚类方法之一。*k*- 均值中的 *k* 是一个自然数

○ 代码中用到的 wav 文件可从本书英文版官方网站提供的源代码中找到：https://www.manning.com/books/machine-learning-with-tensorflow。——译者注

的变量，表示 3- 均值聚类，或 4- 均值聚类，或任意的其他值 k。因此，k- 均值聚类的第一步是选择 k- 的值。具体地，假定选择 $k = 3$。3- 均值聚类的目标是将数据集划分为三类（也称为**聚类**）。

选择聚类的数量

选择合适的聚类数量通常取决于具体任务。假设计划为数百人（包括年轻人和老年人）举办活动，如果只有两个娱乐选项的预算，则可以使用 $k=2$ 的 k- 均值聚类将客人分成两个年龄组。确定 k 的值并不像这个例子那么明显。自动确定 k 的值有点复杂，所以我们在本节中不会涉及过多。简而言之，确定 k 的最佳值的直接方式是迭代一系列 k- 均值模拟并应用代价函数来确定哪个 k 值产生的划分使得最佳损失函数值最低。

---

k- 均值算法将数据点视为空间中的点。如果数据集是某个活动中的访客集合，则可以用年龄代表每个人。因此，数据集是特征向量的集合。在这种情况下，每个特征向量只能是一维的，因为只考虑人的年龄。

对于聚类音乐这个任务，数据点是来自音频文件的特征向量。如果两个点靠近，它们的音频特征是相似的，由此可以发现哪些音频文件互为邻居，并形成聚类，这种聚类就有可能是组织音乐文件的一个好方法。

聚类中所有点的中点称为**质心**。根据选择提取的音频特征，质心可以捕捉诸如响亮的声音、高音调的声音或类似萨克斯的声音等概念。k- 均值算法为每一个聚类分配简单标签，例如聚类 1、聚类 2 和聚类 3。图 5.5 显示了声音数据聚类的示例。

k- 均值算法将一个特征向量分配给 k 个聚类之一，分配的标准是该聚类的质心最接近这个向量。k- 均值算法首先会猜测出一个聚类的位置，并随着时间的推移迭代地改进其猜测。当算法不再改进猜测时才收敛，或在达到最大尝试次数后停止。

算法的核心包括两个任务：分配聚类和重新计算质心。

- 在分配聚类步骤中，将每个数据项（特征向量）分配给最近质心的聚类。
- 在重新计算质心步骤中，计算新更新后聚类的中心（质心）。

重复这两个步骤以产生越来越好的聚类结果，并且算法在达到了所需的重复次数或分配不再改变时停止。图 5.6 说明了该算法。

代码 5.4 显示了如何使用代码 5.3 生成的数据集来实现 k- 均值算法。为简单起见，选择 $k=2$，这样就可以轻松验证算法是否能将音频文件分为两个不同的类别。算法把前 k 个向量作为初始 k 个聚类的质心。

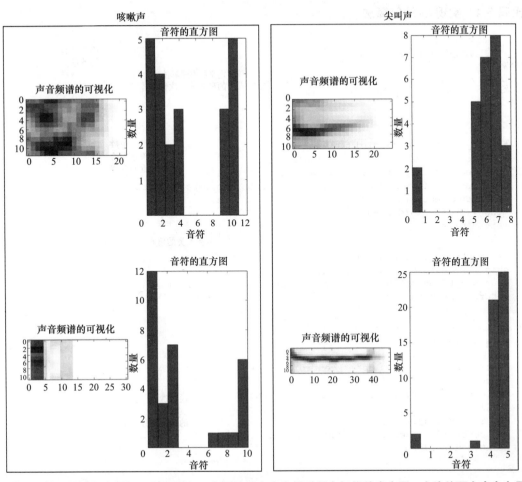

图 5.5　音频文件的四个例子。如图所示，右侧的两个声音似乎具有相似的直方图。左边的两个声音也具有相似的直方图。聚类算法能够将这些声音组合在一起

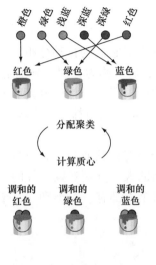

图 5.6　_k_– 均值算法的一次迭代。假设要将颜色聚类成三个桶（一种表示类别的非正式的方式）。可以从红色、绿色和蓝色进行初始猜测，并开始分配步骤。然后通过平均每个桶的颜色来更新桶的颜色。不断重复这些步骤，直到桶不再改变颜色，从而用质心来表示聚类的颜色

代码 5.4　实现 *k-* 均值算法

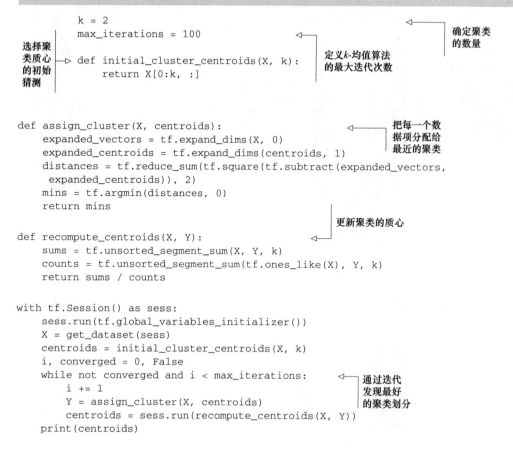

```
                  k = 2
                  max_iterations = 100

                  def initial_cluster_centroids(X, k):
                      return X[0:k, :]


def assign_cluster(X, centroids):
    expanded_vectors = tf.expand_dims(X, 0)
    expanded_centroids = tf.expand_dims(centroids, 1)
    distances = tf.reduce_sum(tf.square(tf.subtract(expanded_vectors,
     expanded_centroids)), 2)
    mins = tf.argmin(distances, 0)
    return mins

def recompute_centroids(X, Y):
    sums = tf.unsorted_segment_sum(X, Y, k)
    counts = tf.unsorted_segment_sum(tf.ones_like(X), Y, k)
    return sums / counts


with tf.Session() as sess:
    sess.run(tf.global_variables_initializer())
    X = get_dataset(sess)
    centroids = initial_cluster_centroids(X, k)
    i, converged = 0, False
    while not converged and i < max_iterations:
        i += 1
        Y = assign_cluster(X, centroids)
        centroids = sess.run(recompute_centroids(X, Y))
    print(centroids)
```

确定聚类
的数量

选择聚
类质心
的初始
猜测

定义*k-*均值算法
的最大迭代次数

把每一个数
据项分配给
最近的聚类

更新聚类的质心

通过迭代
发现最好
的聚类划分

　　所以如果知道聚类的数量和特征向量表示，就可以使用代码 5.4 来聚类任何数据！下一节将对音频片段应用聚类算法实现音频的分组。

5.4　音频分割

　　上一节通过对各种音频文件进行聚类以实现对它们的自动分组。本节将介绍如何在一个音频文件内部使用聚类算法。前者称为**聚类**，后者称为**分割**。分割是聚类的另一种表述，但是当将单个图像或音频文件切分为多个小块时，我们经常说**分割**而不是**聚类**。它们的区别类似于将句子分成单词的和将单词分成字母。虽然它们都有把大块分成小块的一般想法，但是单词毕竟不同于字母。

　　假设有一个很长的音频文件，可能是一个播客视频或脱口秀节目。想象一个任务，编写一个机器学习算法来识别出音频访谈中说话的人。分割音频文件的目的是确定音频剪辑的哪些部分属于同一类别。在这种情况下，每个人都有一个类别，每个人发出的声音都应该被分配到适当的类别，如图 5.7 所示。

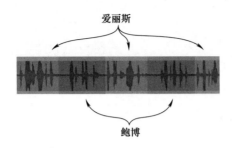

爱丽斯

鲍博

**图 5.7　音频分割就是
自动标记片段的过程**

打开一个新的源文件，然后按照代码 5.5 进行编码，开始对音频文件进行分割。该代码将音频文件切分为多个大小为 `segment_size` 的段。长音频文件将包含数百个（如果不是数千个）段。

代码 5.5　为分割音频准备数据

```python
import tensorflow as tf
import numpy as np
from bregman.suite import *


k = 2
segment_size = 50
max_iterations = 100


chroma = tf.placeholder(tf.float32)
max_freqs = tf.argmax(chroma, 0)


def get_chromagram(audio_file):
    F = Chromagram(audio_file, nfft=16384, wfft=8192, nhop=2205)
    return F.X


def get_dataset(sess, audio_file):
    chroma_data = get_chromagram(audio_file)
    print('chroma_data', np.shape(chroma_data))
    chroma_length = np.shape(chroma_data)[1]
    xs = []
    for i in range(chroma_length / segment_size):
        chroma_segment = chroma_data[:, i*segment_size:(i+1)*segment_size]
        x = extract_feature_vector(sess, chroma_segment)
        if len(xs) == 0:
            xs = x
        else:
            xs = np.vstack((xs, x))
    return xs
```

确定聚类的数量

片段越小，分割效果
越好(但是速度越慢)

确定何时停止
迭代的次数

将音频文件切
分成多个片段
以构建数据集

现在可以在此数据集上运行 k- 均值聚类，以确定相似的片段。k- 均值的目的是将类似的声音片段分类到相同的标签。如果两个人的声音有明显不同，则他们的声音片段将属于不同的标签。

代码 5.6　分割一个音频文件

```
with tf.Session() as sess:
    X = get_dataset(sess, 'TalkingMachinesPodcast.wav')
    print(np.shape(X))
    centroids = initial_cluster_centroids(X, k)
    i, converged = 0, False                          运行k-均值算法
    while not converged and i < max_iterations:   ◄─┘
        i += 1
        Y = assign_cluster(X, centroids)
        centroids = sess.run(recompute_centroids(X, Y))
        if i % 50 == 0:
            print('iteration', i)                     在每次迭代中输
    segments = sess.run(Y)                             出分配的标签
    for i in range(len(segments)):                 ◄─┘
        seconds = (i * segment_size) / float(10)
        min, sec = divmod(seconds, 60)
        time_str = '{}m {}s'.format(min, sec)
        print(time_str, segments[i])
```

代码 5.6 运行后的输出是一个关于时间戳和聚类 ID 的列表，对应于播客中正在讲话的人：

```
('0.0m 0.0s', 0)
('0.0m 2.5s', 1)
('0.0m 5.0s', 0)
('0.0m 7.5s', 1)
('0.0m 10.0s', 1)
('0.0m 12.5s', 1)
('0.0m 15.0s', 1)
('0.0m 17.5s', 0)
('0.0m 20.0s', 1)
('0.0m 22.5s', 1)
('0.0m 25.0s', 0)
('0.0m 27.5s', 0)
```

练习 5.3

　　如何检测聚类算法是否已收敛（以便可以提前停止算法的迭代）？

答案

　　一种方法是观察聚类质心如何变化，并且一旦不再需要更新就可判断为收敛（例如，当误差的差异在迭代之间没有显著变化时）。因此，需要计算误差的大小并确定什么情况下是"显著的"。

5.5　用自组织映射实现聚类

自组织映射（Self-Organizing Map, SOM）是一个将数据表示到较低维空间的模型。低维表示会自动地将相似的数据项靠近。比如，假设要为大型聚会订购比萨饼，肯定不可能为所有人都订购相同类型的比萨饼——因为有人可能会喜欢带蘑菇和辣椒的菠萝饼，有人则可能更喜欢带有芝麻菜和洋葱的凤尾鱼饼。

每个人对比萨饼配料的偏好可以表示为三维向量。SOM 方法允许在二维空间中嵌入这些三维向量（只要定义比萨饼之间的距离度量）。二维图的可视化效果可以清晰地展示聚类的数量。

虽然 SOM 方法在收敛方面可能比 k- 均值算法花费更长时间，但它却没有关于聚类数量的假设。因为在现实世界中，很难为聚类的数量选择一个值。如图 5.8 所示，考虑一场聚会，其中聚类会随着时间的推移而变化。

图 5.8　在现实世界中，我们经常会看到人群是以多个小团体的形式聚在一起的。应用 $k-$ 均值算法需要提前知道聚类的数量。一个更灵活的工具便是自组织映射，它不需要事先指定聚类的数量

SOM 仅将数据重新解释为有利于聚类的结构。该算法的工作原理如下。首先，设计一个节点网络；每个节点保存与数据项相同维度的权重向量。每个节点的权重被初始化为随机数，且随机数遵循标准正态分布。

然后，逐个向网络输入数据项。对于每个数据项，网络将会识别出权重向量与之最匹配的节点。该节点称为**最佳匹配单元**（Best Matching Unit, BMU）。

在网络识别出 BMU 之后，BMU 的所有邻近节点都将会被更新，因此它们的权重向量也将更接近 BMU 的值。较近的节点比较远的节点受到的影响更大。此外，BMU 周围的邻居数量会随着时间的推移而减少，其速度通常是通过反复试验确定的。图 5.9 说明了 SOM 算法。

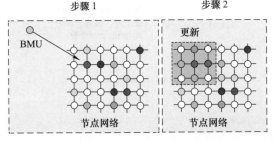

图 5.9　SOM 算法的一次迭代。第一步是识别最佳匹配单元（BMU），第二步是更新邻近节点。通过训练数据反复迭代这两个步骤，直至满足收敛标准

代码 5.7 演示了如何在 TensorFlow 中开始实现 SOM 算法，打开一个新的源文件照着尝试一下。

代码 5.7　SOM 算法的准备工作

```python
import tensorflow as tf
import numpy as np

class SOM:
    def __init__(self, width, height, dim):
        self.num_iters = 100
        self.width = width
        self.height = height
        self.dim = dim
        self.node_locs = self.get_locs()

        nodes = tf.Variable(tf.random_normal([width*height, dim]))
        self.nodes = nodes

        x = tf.placeholder(tf.float32, [dim])
        iter = tf.placeholder(tf.float32)

        self.x = x
        self.iter = iter


        bmu_loc = self.get_bmu_loc(x)

        self.propagate_nodes = self.get_propagation(bmu_loc, x, iter)
```

> 每个节点都是维度为dim 的向量。对于二维网格，节点数量是width×height，函数get_locs在代码5.10 中定义。

> 在其他方法中需要访问这两个变量

> 寻找与输入最邻近的节点(参见代码5.9)

> 更新邻近节点的值

下一段代码 5.8 将根据当前时间间隔和 BMU 位置定义如何更新相邻节点的权重。随着时间的推移，BMU 的相邻权重对变化的影响将会减小。这样，随着迭代的进行，权重逐渐稳定下来。

代码 5.8　定义如何更新相邻节点的权重

> 扩展bmu_loc,以便有效地将它与 node_locs中的每个元素进行成对比较

> 随着iter的增加，rate 会下降，该值会影响 alpha和sigma参数。

```python
    def get_propagation(self, bmu_loc, x, iter):
        num_nodes = self.width * self.height
        rate = 1.0 - tf.div(iter, self.num_iters)
        alpha = rate * 0.5
        sigma = rate * tf.to_float(tf.maximum(self.width, self.height)) / 2.
        expanded_bmu_loc = tf.expand_dims(tf.to_float(bmu_loc), 0)
        sqr_dists_from_bmu = tf.reduce_sum(
          tf.square(tf.subtract(expanded_bmu_loc, self.node_locs)), 1)
```

```
        neigh_factor = tf.exp(-tf.div(sqr_dists_from_bmu, 2 * tf.square(sigma)))
        rate = tf.multiply(alpha, neigh_factor)
        rate_factor = tf.stack([tf.tile(tf.slice(rate, [i], [1]),
```
确保更靠近BMU的节点变化更大
```
                      [self.dim]) for i in range(num_nodes)])
        nodes_diff = tf.multiply(
          rate_factor,
          tf.subtract(tf.stack([x for i in range(num_nodes)]), self.nodes))
        update_nodes = tf.add(self.nodes, nodes_diff)    ← 定义权重
        return tf.assign(self.nodes, update_nodes)  ←      更新运算

                                            返回执行
                                            更新的运算
```

以下代码 5.9 演示了在给定输入数据项的情况下如何查找 BMU 的位置。它搜索节点网格以找到具有最接近匹配的节点。这类似于 *k*- 均值聚类中的标签分配步骤，网格中的每个节点都是潜在的聚类质心。

代码 5.9　获取最近匹配的节点位置

```
def get_bmu_loc(self, x):
    expanded_x = tf.expand_dims(x, 0)
    sqr_diff = tf.square(tf.subtract(expanded_x, self.nodes))

    dists = tf.reduce_sum(sqr_diff, 1)
    bmu_idx = tf.argmin(dists, 0)
    bmu_loc = tf.stack([tf.mod(bmu_idx, self.width), tf.div(bmu_idx,
    ⇨ self.width)])
    return bmu_loc
```

下一段代码 5.10 创建了一个辅助方法，以生成网格中所有节点的位置（*x*, *y*）的列表。

代码 5.10　生成节点矩阵

```
def get_locs(self):
    locs = [[x, y]
            for y in range(self.height)
            for x in range(self.width)]
    return tf.to_float(locs)
```

最后，让我们定义一个名为 train 的方法来运行 SOM 算法，如代码 5.11 所示。首先，需要建立一个 session 并运行 global_variables_initializer 操作。然后，循环 num_iters 次，通过输入数据逐个更新权重。循环结束后，记录最终节点权重及其位置。

代码 5.11　运行 SOM 算法

```
def train(self, data):
    with tf.Session() as sess:
        sess.run(tf.global_variables_initializer())
        for i in range(self.num_iters):
            for data_x in data:
                sess.run(self.propagate_nodes, feed_dict={self.x: data_x,
                    self.iter: i})
```

```
centroid_grid = [[] for i in range(self.width)]
self.nodes_val = list(sess.run(self.nodes))
self.locs_val = list(sess.run(self.node_locs))
for i, l in enumerate(self.locs_val):
    centroid_grid[int(l[0])].append(self.nodes_val[i])
self.centroid_grid = centroid_grid
```

现在可以看看这个算法的实际效果。通过向 SOM 输入一些数据来测试该算法的实现。在代码 5.12 中，输入的是三维特征向量的列表。通过训练 SOM，可以发现数据中的聚类。代码使用 4×4 网格，但最好尝试各种值来交叉验证最佳网格大小。图 5.10 显示了运行代码的输出。

代码 5.12　测试算法的实现并将运行结果可视化

```
from matplotlib import pyplot as plt
import numpy as np
from som import SOM

colors = np.array(
    [[0., 0., 1.],
     [0., 0., 0.95],
     [0., 0.05, 1.],
     [0., 1., 0.],
     [0., 0.95, 0.],
     [0., 1, 0.05],
     [1., 0., 0.],
     [1., 0.05, 0.],
     [1., 0., 0.05],
     [1., 1., 0.]])                    网格大小是4×4,输
                                       入向量的维度是3
som = SOM(4, 4, 3)    ◁
som.train(colors)

plt.imshow(som.centroid_grid)
plt.show()
```

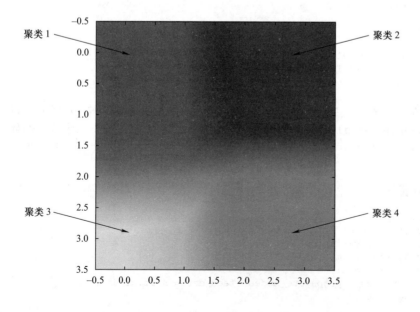

图 5.10　SOM 将所有三维数据点映射到二维网格中。基于二维网格可以选择聚类质心（自动或手动）并在直观的低维空间中实现聚类

SOM 将更高维数据嵌入到二维空间中，使聚类变得更加容易。这可以作为一个方便的预处理步骤。可以通过观察 SOM 的输出人为指定聚类质心，也可以通过观察权重的变化自动找到好的候选质心。如果喜欢进一步探索，建议阅读 Juha Vesanto 和 Esa Alhoniemi 所写的著名论文"Clustering of the Self-Organizing Map"（http://mng.bz/XzyS）。

5.6　聚类的应用

本章介绍了两种实际的聚类应用：音乐自动分组和分割音频剪辑以标记相似的声音。当训练数据集不包含相应的标签时，聚类特别有用。这是无监督学习的典型应用场景。因此，数据标注工作并不总是一件很容易的事情。

例如，假设想要解释来自手机或智能手表的加速度计传感器的数据。在对每一时刻的监测中，加速度计都会提供一个三维向量的数据，但我们却并不知道人是在走路、站立、坐着、跳舞、慢跑，等等。可以通过 http://mng.bz/rTMe 获取此类数据集。

要想对时间序列数据进行聚类，就需要对加速度计向量列表抽取简洁的特征向量。一种方法是生成加速度连续幅度差异的直方图。加速度的导数称为**加加速度**，可以应用相同的操作来获得直方图，描绘出加加速度幅度的差异。

通过数据生成直方图的过程与本章介绍的音频数据的预处理步骤完全相同。将直方图转换为特征向量后，可以使用之前的相同代码进行聚类（例如 TensorFlow 中的 k- 均值）。

> **注意**　虽然前面的章节中讨论的都是监督学习，但本章主要关注无监督学习。我们在下一章将要介绍的机器学习算法则两者都不是，而是一个建模框架，虽然它现在不太受程序员的关注，但对统计学家来说，却是揭示数据中隐藏变量的重要工具。

5.7　小结

- 聚类是一种用于发现数据结构的无监督机器学习算法。
- k- 均值聚类是最容易实现和理解的算法之一，它在速度和准确性方面也有优异的表现。
- 如果未指定聚类数量，则可以通过自组织映射（SOM）算法以简化的视角来考察数据。

第 *6* 章
隐马尔可夫模型

本章要点

- 定义可解释模型
- 使用马尔可夫链对数据建模
- 使用隐马尔可夫模型推断隐状态

如果一枚火箭爆炸，有人可能要被解雇，因此火箭科学家和工程师们必须能够对火箭的所有部件和配置做出确定的决策。他们根据物理模拟和源自基础原则的数学推导做出决策。你也已经用纯逻辑思考解决了科学问题。考虑玻意耳定律：在给定温度下，气体的压强和气体的体积成反比。依据这些世界上已经发现了的简单定律，你可以做出有见地的推论。近来，机器学习已经开始成为演绎推理的一个重要帮手。

火箭科学和**机器学习**并不是经常共同出现的概念。但是如今，在航空航天工业中，通过智能数据驱动的算法建模现实世界的感应器读数却更容易实现。此外，在医疗保健和汽车行业中，机器学习技术的应用蓬勃发展。但这是为什么？

这种热潮可以部分归功于对**可解释**模型的更好理解。可解释模型是学习到的参数具有明确解释的机器学习模型。例如，如果一枚火箭爆炸，一个可解释模型可能更有助于追踪根本原因。

> **练习 6.1**
> 　什么可能会使对模型的解释略显主观？对于可解释模型，你的准则是什么？
> **答案**
> 　我们喜欢参考数学证明作为事实上的解释技巧。对于一个数学理论，如果一个人想要让另一个人信服，那么无可辩驳地列出推理步骤的证明就足够了。

本章讨论的主题是如何发掘观察数据背后的潜在解释。考虑一个拉着绳子让木偶活灵活现的木偶师。只分析木偶的 动作可能会得出如何让一个没有生命的物体移动的过于复杂的结论。只有注意到那些系着的绳子之后，你才会意识到木偶师是栩栩如生动作的最佳解释。

在这点上，本章节介绍了**隐马尔可夫模型**。该模型展示出研究这个问题时的直觉特性。隐马尔可夫模型，就是那位"木偶师"，它解释了观察数据。你将用 6.2 节中介绍的马尔可夫链建模观察数据。

在深入介绍马尔可夫链和隐马尔可夫模型前，让我们先考虑备选模型。在下一节中，你将会看到也许不可解释的模型。

6.1　一个不那么可解释模型的例子

一个经典且很难解释的黑盒机器学习算法的例子是图像分类。在图像分类任务中，目标是给每个输入的图像分配一个类别标签。更简单地，图像分类经常被认为是多选题：哪一个列出来的类别最能够描述这个图像？机器学习的实践者在解决这个问题方面已经取得了巨大的进步，现今最好的图像分类器在某些数据集上已经达到了与人类表现相媲美的程度。

你将会在第 9 章中学习如何解决图像分类问题——卷积神经网络，这是一类能够学习很多参数的机器学习模型。但是这些参数也正是卷积神经网络的问题所在：成千上万的参数，每个意味着什么？让一个图像分类器解释做出刚做的判断是很困难的。所有我们能得到的就是学习到的参数。这些参数可能并不能很容易地解释分类背后的推理。

　　机器学习有时因为成为一个解决特定问题但却无法展示如何做出这个决定的黑盒工具而饱受诟病。本章的目的是用可解释的模型来展现一个机器学习的领域。具体地说，你会学习隐马尔可夫模型并通过 Tensorflow 来实现它。

6.2　马尔可夫模型

　　安德烈·马尔可夫（Andrey Markov）是俄国数学家，他研究了在随机性存在的条件下系统随时间改变的方式。假设气体粒子在空气中来回振动。通过牛顿物理学追踪每个粒子的位置可能会变得太过复杂，因此引入随机性有助于小幅地简化这个物理模型。马尔可夫意识到更进一步简化随机系统的方法是只考虑气体粒子周围的一个有限区域来对该粒子进行建模。例如，一个在欧洲的气体粒子可能很少会影响一个在美国的气体粒子。因此，为什么不忽略它呢？当你关注的只是一个邻域而不是整个系统时，这里的数学问题就被简化了。这个概念现在被称为**马尔可夫属性**。

　　考虑对天气建模。气象学家用温度计、气压计和风速计评估多种条件以帮助预测天气。他们凭借出色的洞察力和数年的经验去完成他们的任务。

　　让我们使用马尔可夫属性以一个简单的模型开始。首先，确定你要识别的可能的情况，或者**状态**。图 6.1 显示了三种天气状态作为图中的节点：多云、下雨和晴天。

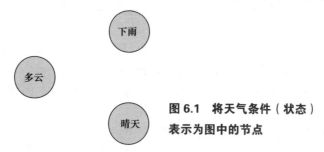

图 6.1　将天气条件（状态）表示为图中的节点

　　现在已经有了状态，还需要定义从一个状态怎么转移到另一个状态。将天气建模为一个确定的系统很困难。如果今天是晴天，那明天肯定也是晴天，这可不是显而易见的结论。相反，你可以引入随机性，并说如果今天是晴天，那么明天有 90% 的可能又会是晴天，同时有 10% 的可能会是多云。当你仅使用当天的天气条件去预测明天的天气（而不是使用之前所有的历史记录）时，马尔可夫属性就起到了作用。

练习 6.2

　　机器人如果仅依据它当前的状态来决定执行哪个动作，那么就说它符合马尔可夫属性。这样的决策过程有什么优点和缺点？

答案

　　马尔可夫属性易于计算。但是这些模型不能推广到一些需要累积历史知识的场景。这些例子包括与时间推移的趋势关系很紧密的模型，或者由多个历史状态的知识能够更好地预测下一个状态的模型。

　　图 6.2 将转移关系描述为节点之间的有向边，箭头指向的是下一个未来的状态。每个边有一个代表概率的权重（例如，如果今天下雨，则明天有 30% 的可能会多云）。两个节点之间没有边则表明这两个节点的转移概率为 0。转移概率可以从历史数据中学到，但就目前而言，让我们假设它们是已知的。

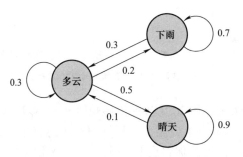

图 6.2　天气条件间的转移概率表示有向边

　　如果有三种状态，则可以将转移关系表示为一个 3×3 的矩阵。矩阵的每个元素（在第 i 行和第 j 列）对应为节点 i 到节点 j 的转移概率。一般来说，如果有 N 种状态，那么转移矩阵的大小为 $N \times N$（见图 6.4）。

　　我们称这个系统为**马尔可夫模型**。随着时间的推移，一个状态按图 6.2 中定义的转移概率将会发生变化。在我们的例子中，"晴天"有 90% 的机会明天会再次是"晴天"，所以我们展示了一个概率为 0.9 的由"晴天"指向自己的环边。有 10% 的可能性"晴天"接下来是"多云"，在图中显示为概率为 0.1 的从"晴天"指向到"多云"的边。

　　给定转移概率，图 6.3 是另一种可视化状态变化的方法。它通常被称为**格子图**，正如你之后在实现 TensorFlow 算法时所看到的那样，这是一个必不可少的工具。

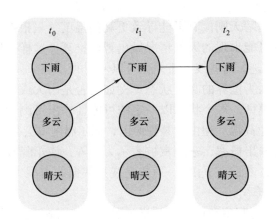

图 6.3　马尔可夫系统状态随时间变化的格子表示

　　我们在前面的章节中已经看到 TensorFlow 代码是如何构建运算图的。将马尔可夫模型中的每个节点视为 TensorFlow 中的一个节点似乎很吸引人。尽管图 6.2 和图 6.3 很好地说明了状态之间的转换，然而在代码中却有一种更有效实现它们的方法，如图 6.4 所示。

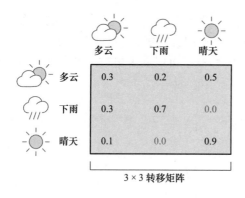

图 6.4　表示状态从左（行）转移到顶部状态（列）的概率转移矩阵

请记住，TensorFlow 图中的节点是张量，因此可以将转移矩阵（记为 T）表示为 TensorFlow 中的节点。然后，在 TensorFlow 的节点上应用数学运算以获得感兴趣的结果。

例如，假设你喜欢晴天而不是下雨天，因此你将会有一个与每一天相关联的分数。可以在记为 s 的 3×1 矩阵中表示每个状态的分数。然后，在 TensorFlow 中使用 `tf.matmul(T*s)` 使两个矩阵相乘即可得到从每个状态转移的预期偏好。

用马尔可夫模型表示的场景可以大大简化你观察世界的方式。但是直接测量整个世界的状态往往很困难。通常，你必须使用来自多个观察数据的证据来挖掘出隐藏含义。这就是下一节要解决的问题！

6.3　隐马尔可夫模型

当所有状态可观察时，上一节中定义的马尔可夫模型很方便，但情况并非总是如此。考虑只能获取城镇的温度。温度不能代表天气，但它却与天气有关。那么如何从这个间接的测量结果中推断出天气情况呢？

下雨天气极有可能导致温度较低，而晴天则极有可能导致更高的温度。只根据温度知识和转移概率本身，你仍然可以对最有可能出现的天气情况做出智能推理。这样的问题在现实世界中很常见。状态可能留有蛛丝马迹，这些线索正是你可以使用的。

像这样的模型是隐马尔可夫模型，因为世界的真实状态（例如是否是雨天或晴天）无法直接观察。这些隐状态遵循马尔可夫模型，每个状态以一定的可能性输出可测量的观察数据。例如，"晴天"的隐状态可能会产生高温，但由于某种原因，偶尔温度也会很低。

在隐马尔可夫模型中，你必须定义输出概率，它通常被表示为矩阵，该矩阵被称作**发射矩阵**。矩阵中的行数是状态数（晴天、多云、下雨），列数是观察数据的类型（热、温、冷）。矩阵的每个元素都是与输出有关的概率。

可视化隐马尔可夫模型的规范方法是将观察数据添加到格子图中，如图 6.5 所示。

所以几乎就是这样。隐马尔可夫模型是对转移概率、输出概率以及另外一件事：**初始概率**的描述。初始概率是每个状态在没有先验知识时发生的概率。如果你在洛杉矶对天气进行建模，也许晴天的初始概率要大得多。或者假设你在西雅图模拟天气，那么你可以将雨天的初始概率设置得更高。

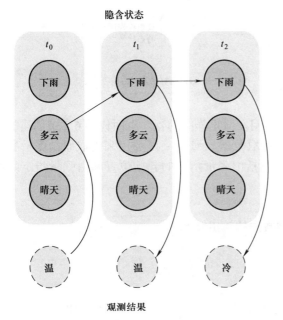

隐含状态

观测结果

图 6.5　说明天气条件如何产生温度的
隐马尔可夫模型格子图

隐马尔可夫模型让你理解一个观测结果的序列。在天气建模问题中，你可能会问的一个问题，观察某一温度序列的概率是多少？我们将使用**前向算法**来回答这个问题。

6.4　前向算法

前向算法能够用来计算一个观测数据的概率。许多排列可能会引起一个特定的观测结果，所以枚举所有可能的简单方式将花费指数级的时间进行计算。

相反，你可以通过使用**动态规划**来解决这个问题，动态规划是一种将复杂问题分解为简单的小问题并使用查找表来缓存结果的策略。在代码中，你可以将查找表保存为 NumPy 数组并将其提供给一个 TensorFlow 操作以继续更新它。

如下面的代码 6.1 所示，创建一个 HMM 类来封装隐马尔可夫模型的参数，包括初始概率向量、转移概率矩阵和发射概率矩阵。

代码 6.1　定义 HMM 类

```
import numpy as np              导入必要的库
import tensorflow as tf


class HMM(object):
    def __init__(self, initial_prob, trans_prob, obs_prob):
        self.N = np.size(initial_prob)
        self.initial_prob = initial_prob
        self.trans_prob = trans_prob          把参数保存
        self.emission = tf.constant(obs_prob)  为方法变量
```

```
assert self.initial_prob.shape == (self.N, 1)
assert self.trans_prob.shape == (self.N, self.N)      双重检查所有矩阵
assert obs_prob.shape[0] == self.N                     的形状使之有意义

self.obs_idx = tf.placeholder(tf.int32)
self.fwd = tf.placeholder(tf.float64)         为前向算法定义占位符
```

接下来，将定义一个快速辅助函数来访问发射矩阵中的行。下面代码 6.2 中创建的是一个辅助函数，它可以高效地从任意矩阵中获取数据。slice 函数用来提取原始张量的一部分。这个函数需要将相关张量作为输入，包括由张量指定的起始位置和由张量指定的切片大小。

代码 6.2　创建一个辅助函数来访问观测数据的输出概率

```
def get_emission(self, obs_idx):
    slice_location = [0, obs_idx]                          切片在发射矩阵中的位置
    num_rows = tf.shape(self.emission)[0]
    slice_shape = [num_rows, 1]                            切片的形状
    return tf.slice(self.emission, slice_location, slice_shape)   执行切片操作
```

这里需要定义两个 TensorFlow 操作。第一个操作出现在下面的代码 6.3 中，它将只被运行一次以初始化前向算法的缓存。

代码 6.3　初始化前向算法的缓存

```
def forward_init_op(self):
    obs_prob = self.get_emission(self.obs_idx)
    fwd = tf.multiply(self.initial_prob, obs_prob)
    return fwd
```

另一个操作将在每个观测数据处更新缓存，如代码 6.4 所示。运行这段代码通常被称为**执行前向步骤**。虽然这个 forward_op 函数看起来不需要输入，但这却取决于需要输入到 Tensorflow 会话中的占位符变量。具体来说，self.fwd 和 self.obs_idx 就是该函数的输入。

代码 6.4　更新缓存

```
def forward_op(self):
    transitions = tf.matmul(self.fwd,
 tf.transpose(self.get_emission(self.obs_idx)))
    weighted_transitions = transitions * self.trans_prob
    fwd = tf.reduce_sum(weighted_transitions, 0)
    return tf.reshape(fwd, tf.shape(self.fwd))
```

在 HMM 类之外，让我们定义一个运行前向算法的函数，如下面的代码 6.5 所示。前向算法为每个观测数据执行前向步骤。最后，它将输出观测数据的概率。

代码 6.5 定义一个隐马尔可夫模型的前向算法

```
def forward_algorithm(sess, hmm, observations):
    fwd = sess.run(hmm.forward_init_op(), feed_dict={hmm.obs_idx:
     observations[0]})
    for t in range(1, len(observations)):
        fwd = sess.run(hmm.forward_op(), feed_dict={hmm.obs_idx:
         observations[t], hmm.fwd: fwd})
    prob = sess.run(tf.reduce_sum(fwd))
    return prob
```

在 main 函数中，可以通过提供初始概率向量、转移概率矩阵和发射概率矩阵来建立 HMM 类。为了保持一致，代码 6.6 中的示例直接取自关于隐马尔可夫模型的维基百科文章：http://mng.bz/8ztL，如图 6.6 所示。

一般来说，这三个概念的定义如下：

- **初始概率向量**——状态的起始概率。
- **转移概率矩阵**——在给定当前状态的情况下，与转移到下一个状态相关联的概率。
- **发射概率矩阵**——在已观测到的状态下，推断你所感兴趣的状态发生的可能性。

给定这些矩阵，就可以调用刚刚定义的前向算法。

```
states = ('Rainy', 'Sunny')

observations = ('walk', 'shop', 'clean')

start_probability = {'Rainy': 0.6, 'Sunny': 0.4}

transition_probability = {
    'Rainy' : {'Rainy': 0.7, 'Sunny': 0.3},
    'Sunny' : {'Rainy': 0.4, 'Sunny': 0.6},
}

emission_probability = {
    'Rainy' : {'walk': 0.1, 'shop': 0.4, 'clean': 0.5},
    'Sunny' : {'walk': 0.6, 'shop': 0.3, 'clean': 0.1},
}
```

图 6.6 维基百科上的隐马尔可夫模型示例场景的屏幕截图

代码 6.6 定义 HMM 和调用前向算法

```
if __name__ == '__main__':
    initial_prob = np.array([[0.6],
                             [0.4]])

    trans_prob = np.array([[0.7, 0.3],
                           [0.4, 0.6]])
```

```
obs_prob = np.array([[0.1, 0.4, 0.5],
                     [0.6, 0.3, 0.1]])

hmm = HMM(initial_prob=initial_prob, trans_prob=trans_prob,
 obs_prob=obs_prob)

observations = [0, 1, 1, 2, 1]
with tf.Session() as sess:
    prob = forward_algorithm(sess, hmm, observations)
    print('Probability of observing {} is {}'.format(observations, prob))
```

运行代码 6.6 时，算法输出的内容如下：

```
Probability of observing [0, 1, 1, 2, 1] is 0.0045403
```

6.5 Viterbi 解码

给定一组观测数据的序列，Viterbi（维特比）**解码算法**能够找到最可能的隐状态序列。它需要类似于前向算法的缓存方案。将这个缓存命名为 `viterbi`。在 HMM 构造函数中，添加如代码 6.7 所示的一行。

代码 6.7　将 Viterbi 缓存添加为成员变量

```
def __init__(self, initial_prob, trans_prob, obs_prob):
  ...
  ...
  ...
  self.viterbi = tf.placeholder(tf.float64)
```

在下一个代码 6.8 中，我们将定义 TensorFlow 中的操作来更新 `viterbi` 缓存。这将是 HMM 类中的一个方法。

代码 6.8　定义一个操作来更新 viterbi 缓存

```
def decode_op(self):
    transitions = tf.matmul(self.viterbi,
    tf.transpose(self.get_emission(self.obs_idx)))
    weighted_transitions = transitions * self.trans_prob
    viterbi = tf.reduce_max(weighted_transitions, 0)
    return tf.reshape(viterbi, tf.shape(self.viterbi))
```

你还需要一个操作来更新后向指针（见代码 6.9）。

代码 6.9　定义一个操作来更新后向指针

```
def backpt_op(self):
    back_transitions = tf.matmul(self.viterbi, np.ones((1, self.N)))
    weighted_back_transitions = back_transitions * self.trans_prob
    return tf.argmax(weighted_back_transitions, 0)
```

最后，在下面的代码 6.10 中，在 HMM 类的外部定义 Viterbi 解码函数。

代码 6.10　定义 Viterbi 解码算法

```
def viterbi_decode(sess, hmm, observations):
    viterbi = sess.run(hmm.forward_init_op(), feed_dict={hmm.obs:
     observations[0]})
    backpts = np.ones((hmm.N, len(observations)), 'int32') * -1
    for t in range(1, len(observations)):
        viterbi, backpt = sess.run([hmm.decode_op(), hmm.backpt_op()],
                                    feed_dict={hmm.obs: observations[t],
                                               hmm.viterbi: viterbi})
        backpts[:, t] = backpt
    tokens = [viterbi[:, -1].argmax()]
    for i in range(len(observations) - 1, 0, -1):
        tokens.append(backpts[tokens[-1], i])
    return tokens[::-1]
```

可以通过运行位于 main 函数中的代码 6.11 来评估观测数据的 Viterbi 解码。

代码 6.11　运行 Viterbi 解码

```
seq = viterbi_decode(sess, hmm, observations)
print('Most likely hidden states are {}'.format(seq))
```

6.6　隐马尔可夫模型的使用

现在我们已经实现了前向算法和 Viterbi 算法，下面就来看看这些新发现功能的有趣应用。

6.6.1　视频建模

想象一下，仅仅根据人的行走方式就能识别一个人（没有双关语）。根据步态识别人是一个非常酷的想法，但首先你需要一个模型来识别步态。考虑一个隐马尔可夫模型，其中步态的隐状态序列是（1）休息位置、（2）右脚向前、（3）休息位置、（4）左脚向前，以及（5）休息位置。这些观察到的状态是从视频剪辑中获取的人步行、慢跑、跑步的轮廓（这些示例的数据集是可通过 http://mng.bz/Tqfx 获取）。

6.6.2　DNA 建模

DNA 是核苷酸序列，我们已经逐渐了解它的结构。一旦知道某些核苷酸出现顺序的概率，理解长 DNA 链的一种聪明方法就是对区域进行建模。就像阴天在下雨天后很常见一样，也许 DNA 序列上的某个区域（**起始密码子**）比在另一个区域（**终止密码子**）之前更常见。

6.6.3　图像建模

在手写识别中，我们的目标是从手写单词的图像中检索明文。一种方法是一次解析一个字符，然后拼接结果。你可以按照字符是以序列 (词) 的方式书写的理解来构建隐马尔可夫模型。知道前一个字母可能会帮助你排除下一个字母的可能性。隐状态是明文，而观测数据则是包含单个字符的裁剪图像。

6.7　隐马尔可夫模型的应用

当你了解隐状态是什么以及它们如何随时间变化时，隐马尔可夫模型的效果最佳。幸运的是，在自然语言处理领域，可以使用隐马尔可夫模型解决标记句子的词性：

- 句子中的单词序列对应于隐马尔可夫模型的观测数据。例如，句子"Open the pod bay doors，HAL"中有 6 个观察到的单词。
- 隐状态是词性，例如动词、名词、形容词等。在上面的例子中，观察词"open"的隐状态应该对应为**动词**。
- 转移概率可以由程序员设计或通过数据获得。这些概率代表了词性的规则。例如，一个动词后接另一个动词的事件发生的概率应该很低。通过设置转移概率，可以避免让算法强行遍历所有可能性。
- 每个单词的输出概率都可以从数据获得。传统的词性标注数据集被称为 Moby；可以通过 www.gutenberg.org/ebooks/3203 找到它。

注意你现在就可以使用隐马尔可夫模型来设计自己的实验。它是一个强大的工具，我们强烈建议你根据自己的数据进行尝试。预定义一些转移和输出，看看是否可以恢复隐状态。希望本章可以帮助你入门。

6.8　小结

- 使用马尔可夫模型可以简化复杂的纠缠系统。
- 隐马尔可夫模型在实际应用中特别有用，因为大多数观测数据是在隐状态下测量的。
- 前向算法和 Viterbi 算法是用于隐马尔可夫模型的最常见的算法。

第三部分

神经网络样式

我们可以看到来自各行各业的推动正在将神经网络摆在基础性的地位。深度学习研究已经成为企业地位的象征，但其背后的理论却如镜花水月一般，让人难以捉摸。包括 NVIDIA、Facebook、亚马逊、微软和谷歌在内的公司都投入了大量的资金来推广这项技术。不管怎样，深度学习在解决某些问题方面确实非常有效，我们将使用 TensorFlow 来实现代码。

本书的这部分从基础上介绍神经网络，并将这些体系结构应用到实际中。各章按顺序依次介绍了自编码器、强化学习、卷积神经网络、序列到序列模型以及排序。

第 *7* 章
自 编 码 器

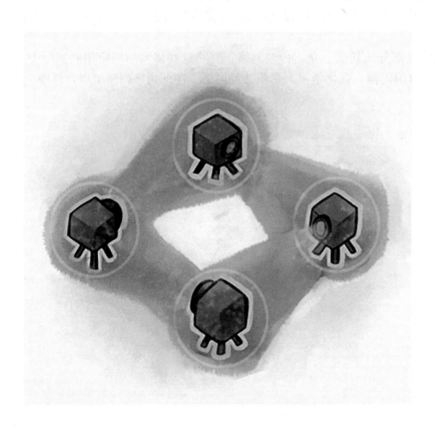

你有没有听一个人哼唱一首曲子，并识别出这首曲子的经历？这对你来说可能很容易，但在音乐方面，说起来可笑，我却一窍不通。哼唱本身就是一首歌的近似。一种更好的近似可能是唱歌。加入一些乐器后，有时候一首歌的翻唱听起来和原唱难以区别。

在本章中，你将近似函数而不是歌曲。函数是输入和输出之间关系的一般概念。在机器学习中，通常是想要找到将输入与输出关联的函数。找到最可能的函数拟合很困难，但找到近似函数则会相对容易些。

在机器学习中，人工神经网络是一种可以近似任何函数的模型。正如你所学过的，模型是一个函数，考虑到你所拥有的输入，它给出你要找的输出。按机器学习的术语，给定训练数据，你想建立一个最能近似生成这些数据的隐函数的神经网络模型——虽然这样做可能不会给出确切的答案，但却很有用。

到目前为止，你已经通过显示地设计函数来生成模型，无论该模型是线性模型、多项式模型或更复杂的模型。当挑选的函数正确时，神经网络能够留有一点回旋余地，从而得到正确的模型。理论上讲，神经网络可以为通用类型的转换建模——关于被建模的这个函数，你根本不需要了解太多！

在 7.1 节介绍完神经网络之后，你将学习如何使用自编码器，在 7.2 节中它们可以将数据编码为更小、更快的表示。

7.1 神经网络

如果你已经听说过神经网络，你可能已经看过在复杂的网格中节点和边连接的图。这种可视化主要是受生物学特别是大脑中神经元的启发。事实证明，它也是一种可视化函数的便利表示方式，如 $f(x)=w \times x+b$，如图 7.1 所示。

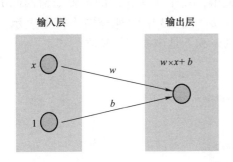

图 7.1 线性方程 $f(x)=w \times x+b$ 的图解。节点被表示为圆圈，边被表示为箭头。边上的值通常称为权重，它们与输入相乘。当两个箭头指向同一个节点时，它们将输入相加

作为提醒，**线性模型**是线性函数的集合；例如，$f(x)=w \times x+b$，其中（w,b）是参数向量。学习算法调整 w 和 b 的值，直到找到最匹配数据的组合。算法成功收敛后，它会找到最可能的线性函数来描述数据。

线性是一个很好的起点，但现实世界并不总是那么完美。因此，我们深入研究 Tensor-Flow 创立机器学习类型；本章介绍了一种被称为**人工神经网络**的模型，它可以近似任意函数（不仅仅是线性函数）。

> **练习 7.1**
>
> $f(x) = |x|$ 是线性函数吗？
>
> **答案**
>
> 不是。它是两个线性函数，在零处拼接在一起，而且它不是一条直线。

为了能与非线性的概念结合起来，一种有效的方式是对每个神经元的输出应用被称作**激活函数**的非线性函数。三个最常用的激活函数是 sigmoid（sig）、**双曲正切**（tan）和一种被称为**修正线性单元（ReLU）**的**斜坡**函数，如图 7.2 所示。

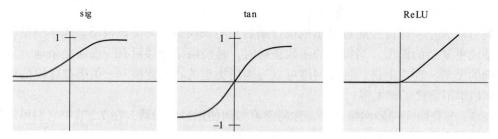

图 7.2   使用如 sig、tan、ReLU 等非线性函数将非线性引入到模型中

你不必过于担心哪个激活函数在什么情况下更好。这仍然是一个活跃的研究课题。请随意试用图 7.2 所示的这三种函数。通常，根据你正在使用的数据集，使用交叉验证来确定哪个模型能够给出最佳模型，从而选择最佳模型。还记得第 4 章中的混淆矩阵吗？可以测试哪一个模型给出最少的假阳性或假阴性，或者其他的最满足你需要的标准。

sigmoid 函数对你来说并不陌生。你可能还记得，在第 4 章介绍的逻辑斯谛回归分类器中，我们将 sigmoid 函数应用于线性函数 $w \times x + b$。图 7.3 中的神经网络模型表示函数 $f(x) = sig(w \times x + b)$。它是单输入、单输出网络，其中 w 和 b 是该模型的参数。

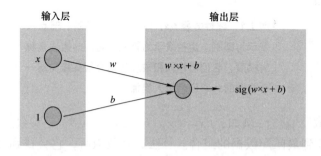

图 7.3   将非线性的 sigmoid 函数应用于节点的输出

如果有两个输入（x_1 和 x_2），可以修改神经网络使其看起来像图 7.4 一样。给定训练数据和代价函数，要学习的参数是 w_1、w_2 和 b。在尝试对数据进行建模时，让一个函数有多个输入是很常见的做法。例如，图像分类中会采用整个图像（逐个像素）作为输入。

当然，也可以推广到任意数量的输入（$x_1, x_2, \cdots, x_n$）。相应的神经网络表示为函数 $f(x_1, \cdots, x_n) = sig(w_n \times x_n + \cdots + w_1 \times x_1 + b)$，如图 7.5 所示。

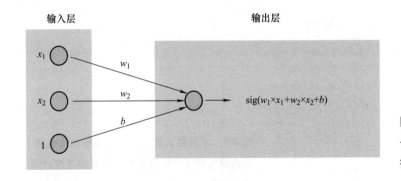

图 7.4 双输入的网络将具有三个参数（w_1、w_2 和 b）。请记住，指向同一节点的多条线表示求和

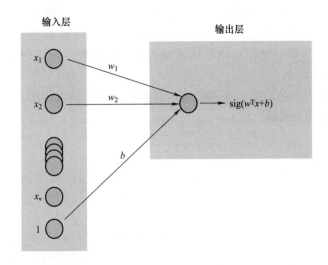

图 7.5 输入维度可以任意长。例如，灰度图像中的每个像素都可以有相应的输入 x_i。这个神经网络利用所有的输入来生成一个单输出，可以将其用于回归或分类。符号 w^T 意味着将一个 $n \times 1$ 向量 w 转置为一个 $1 \times n$ 向量⊖。这样，就可以正确地将它乘以 x（维度为 $n \times 1$）。这种矩阵乘法也被称为点积，它产生一个标量（一维）值

到目前为止，我们只处理了单输入层和单输出层。并没有什么东西阻止你在中间任意添加神经元。既不用作输入也不被用作输出的神经元被称为**隐神经元**。它们对于神经网络的输入和输出接口是不可见的，所以没有什么可以直接影响它们的值。**隐层**是彼此不互相连接的隐神经元的任意集合，如图 7.6 所示。 添加更多隐层可以大大提高网络的表达力。

只要激活函数是非线性的，就至少存在一个隐层的神经网络可以用来近似地表示任意函数。而在线性模型中，无论学习什么参数，函数都会保持线性。另一方面，具有隐层的非线性神经网络模型具有足够的灵活性，可以近似地表示任何函数！多么给力的事情啊！

TensorFlow 有许多辅助函数能够以一种有效的方式来获取神经网络参数。在本章中，当你开始使用第一个神经网络架构——自编码器时，你将看到如何调用这些工具。

⊖ 原书中的数学符号并不是很准确，如 | w | 是表绝对值还是范数，无法判断。因此尊重原文，不再标注粗体。——译者注

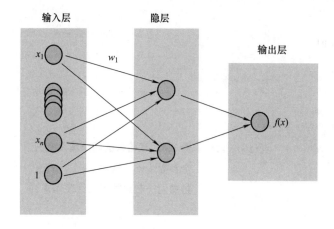

图 7.6　不与输入和输出相互连接的节点被称为隐神经元。隐层是彼此不互相连接的隐单元的集合

7.2　自编码器

自编码器是一种神经网络，它试图学习那些能使输出尽可能接近输入的参数。这样做的一种明显方法是直接返回输入，如图 7.7 所示。

但是自编码器比这更有趣。它包含一个小的隐层！如果隐层所具有的维度比输入还小，那么隐层就是对数据的压缩，这种压缩被称为**编码**。

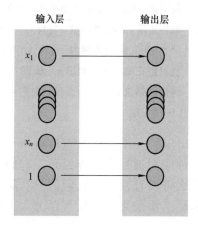

图 7.7　如果要创建输入等于输出的网络，你可以连接相应的节点，并将每个参数的权重设置为 1

在现实世界中编码数据

虽然存在许多种音频格式，但最受欢迎的可能是 MP3，因为它的文件大小相对较小。你可能已经猜到了这种高效的存储需要一个折中方案。生成 MP3 文件的算法需要原始未压缩的音频，并将其缩小为一个更小的但听起来又几乎一样的文件。但它还是有损的，意味着你将无法完全从编码版本恢复到原始未压缩音频。同样地，在本章中，我们希望减少数据的维度以使其更易于使用，但这样做却不一定能创造出完美的再现。

从隐层重建输入的过程称为**解码**。图 7.8 显示了一个自编码器的极端示例。

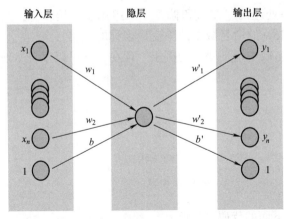

输入层　　　　　隐层　　　　　输出层

图 7.8　在这里，你为一个尝试重建输入的网络引入一个限制。数据将通过如隐层所示的窄通道。在这个例子中，隐层中只有一个节点。这个网络正在尝试将一个 n 维输入信号编码（和解码）到一维，而这在实践中可能很难

编码是减少输入维度的好方法。例如，如果可以用 100 个隐节点来表示 256 × 256 的图像，那么每个数据项就可以减少至原来的近千分之一。

练习 7.2

设 x 表示输入向量 $(x_1, x_2, \cdots, x_n)$，y 表示输出向量 $(y_1, y_2, \cdots, y_n)$。最后，令 w 和 w' 分别表示编码器和解码器的权重。训练这种神经网络的可行的代价函数是什么？

答案

请参见代码 7.3 中的代价函数。

使用面向对象的编程风格来实现自编码器是有道理的。这样，你可以稍后在其他应用程序中重用该类而不必担心代码是否紧密耦合。创建如代码 7.1 所示的代码有助于构建更深层的网络结构，例如**堆叠自编码器**，它因为经验性能更好而被广泛所知。

> **提示**　通常，对于神经网络而言，如果有足够的数据以至于不会过拟合模型，则添加更多隐层似乎可以提高性能。

代码 7.1　Python 类定义

```
class Autoencoder:
    def __init__(self, input_dim, hidden_dim):     ← 初始化变量

    def train(self, data):          ← 在数据集上训练

    def test(self, data):        ← 在新数据
                                    上测试
```

打开一个新的 Python 源文件，并将其命名为"autoencoder.py"。这个文件将定义从一份单独代码中使用的 autoencoder 类。

构造函数将设置所有 TensorFlow 变量、占位符、优化器和操作符。任何不立即需要会

话的东西都可以进入构造函数。因为正在处理两组权重和偏置（一组用于编码步骤，另一组用于解码步骤），所以可以使用 TensorFlow 的命名域来消除变量名称的歧义。

例如，以下代码 7.2 显示了在一个命名域中定义变量的例子。现在，你可以很自然地保存和恢复此变量，而不必担心命名冲突。

代码 7.2　使用命名域

```
with tf.name_scope('encode'):
    weights = tf.Variable(tf.random_normal([input_dim, hidden_dim],
     dtype=tf.float32), name='weights')
    biases = tf.Variable(tf.zeros([hidden_dim]), name='biases')
```

继续，让我们实现这个构造函数，如下面的代码 7.3 所示。

代码 7.3　Autoencoder 类

```
import tensorflow as tf
import numpy as np

class Autoencoder:
    def __init__(self, input_dim, hidden_dim, epoch=250,
     learning_rate=0.001):
        self.epoch = epoch
        self.learning_rate = learning_rate

        x = tf.placeholder(dtype=tf.float32, shape=[None, input_dim])

        with tf.name_scope('encode'):
            weights = tf.Variable(tf.random_normal([input_dim, hidden_dim],
         dtype=tf.float32), name='weights')
            biases = tf.Variable(tf.zeros([hidden_dim]), name='biases')
            encoded = tf.nn.tanh(tf.matmul(x, weights) + biases)
        with tf.name_scope('decode'):
            weights = tf.Variable(tf.random_normal([hidden_dim, input_dim],
         dtype=tf.float32), name='weights')
            biases = tf.Variable(tf.zeros([input_dim]), name='biases')
            decoded = tf.matmul(encoded, weights) + biases

        self.x = x
        self.encoded = encoded
        self.decoded = decoded

        self.loss = tf.sqrt(tf.reduce_mean(tf.square(tf.subtract(self.x,
         self.decoded)))) 
        self.train_op =
         tf.train.RMSPropOptimizer(self.learning_rate).minimize(self.loss)
        self.saver = tf.train.Saver()
```

学习的轮数

优化器的超参数

定义输入层数据集

定义名称范围下的权重和偏置，以便将它们与解码器的权重和偏置区分开来

这些将是方法变量

解码器的权重和偏置被定义在此名称范围内

定义重构的损失

设置存储器从而在学习时保存模型参数

选择优化器

现在,在下一个代码 7.4 中,将定义一个名为 train 的类方法,它将接收一个数据集并且学习参数来最小化其代价函数。

代码 7.4 训练自编码器

```
def train(self, data):
    num_samples = len(data)
    with tf.Session() as sess:
        sess.run{tf.global_variables_initializer()}
        for i in range(self.epoch):
            for j in range(num_samples):
                l, _ = sess.run([self.loss, self.train_op],
                    feed_dict={self.x: [data[j]]})
            if i % 10 == 0:
                print('epoch {0}: loss = {1}'.format(i, l))
                self.saver.save(sess, './model.ckpt')
        self.saver.save(sess, './model.ckpt')
```

一次一个样本,在数据项上训练神经网络

启动 TensorFlow 会话,并初始化所有变量

迭代构造函数中定义的循环数

将学习的参数保存到文件中

每 10 轮输出一次重构错误

现在有足够的代码来设计从任意数据中学习自编码器的算法。在开始使用这个类之前,让我们再创建一个方法。如下面的代码 7.5 所示,这个测试函数能够实现在新数据上评估自编码器。

代码 7.5 在数据上测试模型

```
def test(self, data):
    with tf.Session() as sess:
        self.saver.restore(sess, './model.ckpt')
        hidden, reconstructed = sess.run([self.encoded, self.decoded],
    feed_dict={self.x: data})
    print('input', data)
    print('compressed', hidden)
    print('reconstructed', reconstructed)
    return reconstructed
```

加载学到的参数

重构输入

最后,创建一个名为 "main.py" 的新 Python 源文件,并使用你的 Autoencoder 类,如下面的代码 7.6 所示。

代码 7.6 使用 Autoencoder 类

```
from autoencoder import Autoencoder
from sklearn import datasets

hidden_dim = 1
data = datasets.load_iris().data
input_dim = len(data[0])
ae = Autoencoder(input_dim, hidden_dim)
ae.train(data)
ae.test([[8, 4, 6, 2]])
```

运行 train 函数将输出损失如何减少的调试信息。test 函数将会显示有关编码和解码过程的信息：

```
('input', [[8, 4, 6, 2]])
('compressed', array([[ 0.78238308]], dtype=float32))
('reconstructed', array([[ 6.87756062,  2.79838109,  6.25144577,
     2.23120356]], dtype=float32))
```

请注意，可以将四维向量压缩至一维，然后再将其解码为带有一些数据损失的四维向量。

7.3 批量训练

如果没有时间上的压力，那么一次一个样本地训练神经网络是最安全的选择。但是，如果网络训练花费的时间比预期的要长，那么其中一个解决方案就是一次训练时接受多个数据的输入，这种方式被称为**批量训练**。

通常，随着批大小的增加，算法也会随之加速，但成功收敛的可能性较低。这是一把双刃剑。在下面的代码 7.7 中使用它。稍后就会用到这个辅助函数。

代码 7.7 批训练辅助函数

```
def get_batch(X, size):
    a = np.random.choice(len(X), size, replace=False)
    return X[a]
```

要使用批量学习，就需要修改代码 7.4 中的 train 方法。该批量版本被显示在以下代码 7.8 中。它为每批数据插入一个额外的内循环。通常，批量迭代的次数应该足够以便同一轮中所有的数据都被覆盖到。

代码 7.8 批训练

```
def train(self, data, batch_size=10):
    with tf.Session() as sess:
        sess.run(tf.global_variables_initializer())
        for i in range(self.epoch):            # 在各种批量选择上循环
            for j in range(500):
                batch_data = get_batch(data, self.batch_size)   # 在随机选择的批量上运行优化器
                l, _ = sess.run([self.loss, self.train_op],
    feed_dict={self.x: batch_data})
            if i % 10 == 0:
                print('epoch {0}: loss = {1}'.format(i, l))
                self.saver.save(sess, './model.ckpt')
        self.saver.save(sess, './model.ckpt')
```

7.4 图像处理

大多数神经网络，如自编码器，只接受一维输入。而另一方面，图像的像素由行和列共同索引。此外，如果像素是彩色的，则它还会具有红色、绿色和蓝色的浓度值，如图 7.9 所示。

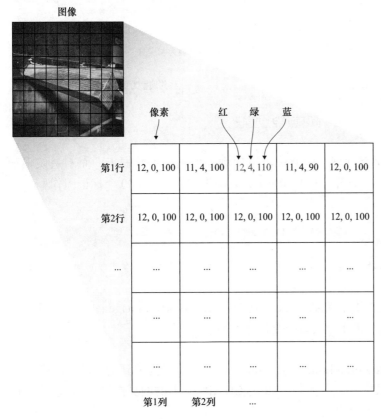

图 7.9 彩色图像由像素组成，每个像素包含红色值、绿色值和蓝色值

处理图像的较高维度的一种便利方式涉及两个步骤：

（1）将图像转换为灰度图：将红色、绿色和蓝色的值合并为**像素强度**，该强度是颜色值的加权平均。

（2）将图像重新排列成行主序。**行主序**将数组存储为一个较长的一维集合；将数组的所有维度都放在第一维的末尾。这就可以用一个数字而不是两个数字来索引这个图像。如果图像的大小为 3 像素 ×3 像素，则将其重新排列为如图 7.10 所示的结构。

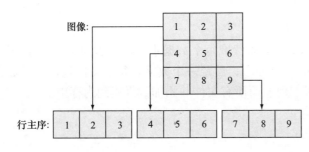

图 7.10 图像可以按行主序表示。利用这种方式，二维结构就可以被表示为一维结构

　　在 TensorFlow 中，可以通过多种方式使用图像。如果硬盘里有照片，就可以使用 TensorFlow 附带的 SciPy 加载它们。下面的代码 7.9 显示了如何以灰度形式加载图像，调整其大小，并将它按行主序表示。

代码 7.9　加载图像

```
from scipy.misc import imread, imresize

gray_image = imread(filepath, True)                              将图像加载为灰度图
small_gray_image = imresize(gray_image, 1. / 8.)                 将其调整为更小的尺寸
x = small_gray_image.flatten()

                                                                 将其转换为一维结构
```

　　图像处理是一个活跃的研究领域，因此你可以便利地使用各种数据集，而不是仅限于使用自己有限的图像。例如，一个名为 CIFAR-10 的数据集中包含 60000 个标记图像，每个图像大小为 32 像素 ×32 像素。

练习 7.3

　　你还知道其他在线图像数据集吗？在线搜索并寻找到更多的数据集！

答案

　　也许在深度学习社区中最常用的数据集是 ImageNet（www.imagenet.org）。通过 http://deeplearning.net/datasets 也可以找到一个很棒的列表。

　　从 www.cs.toronto.edu/~kriz/cifar.html 下载 Python 数据集。将提取到的 "cifar-10-batches-py" 文件夹存放到工作目录中。以下代码 7.10 由 CIFAR-10 上的网页提供；将这段代码添加到名为 "main_imgs.py" 的新文件中。

代码 7.10　读取提取到的 CIFAR-10 数据集

```
import pickle

def unpickle(file):                                  读取CIFAR-10文件，
    fo = open(file, 'rb')                            并返回加载的字典
    dict = pickle.load(fo, encoding='latin1')
    fo.close()
    return dict
```

　　让我们使用刚刚创建的 unpickle 函数来读取每个数据集文件。CIFAR-10 数据集包含 6 个文件，每个文件都以 "data_batch_" 为前缀，后跟一个数字。每个文件包含图像数据和相应的标签。以下的代码 7.11 显示了如何遍历所有文件并添加数据集到内存中。

代码 7.11　将所有 CIFAR-10 文件读入内存

```
import numpy as np

names = unpickle('./cifar-10-batches-py/batches.meta')['label_names']
data, labels = [], []
for i in range(1, 6):
    filename = './cifar-10-batches-py/data_batch_' + str(i)
    batch_data = unpickle(filename)
    if len(data) > 0:
        data = np.vstack((data, batch_data['data']))
        labels = np.hstack((labels, batch_data['labels']))
    else:
        data = batch_data['data']
        labels = batch_data['labels']
```

加载文件以获取 Python 字典

循环遍历 6 个文件

数据样本的行代表每个样本，因此可以垂直堆叠它

标签是一维的，因此可以水平堆叠它们

　　每个图像都被表示为一系列红色像素，然后是绿色像素，再然后是蓝色像素。代码 7.12 创建了一个辅助函数，用于通过平均红色值、绿色值和蓝色值来将这个彩色图像转换为灰度图。

　　　　注意　你可以通过其他方式实现更逼真的灰度，但这种平均三个值的方法就可以完成任务。人类的感知对绿光更加敏感，所以在其他的一些灰度图案中，绿色值在平均值上可能有更高的权重。

代码 7.12　将 CIFAR-10 图像转换为灰度

```
def grayscale(a):
    return a.reshape(a.shape[0], 3, 32, 32).mean(1).reshape(a.shape[0], -1)

data = grayscale(data)
```

　　最后，让我们收集某个类的所有图像（例如 horse）。你将运行自编码器在关于"马"的图片上，如下面的代码 7.13 所示。

代码 7.13　建立自编码器

```
from autoencoder import Autoencoder

x = np.matrix(data)
y = np.array(labels)

horse_indices = np.where(y == 7)[0]

horse_x = x[horse_indices]

print(np.shape(horse_x))   # (5000, 3072)
```

```
input_dim = np.shape(horse_x)[1]
hidden_dim = 100
ae = Autoencoder(input_dim, hidden_dim)
ae.train(horse_x)
```

现在可以将与训练数据集类似的图像编码为 100 个数字。这种自编码器模型是最简单的模型之一，它显然也是一种有损编码。注意：运行这个代码可能需要 10min。输出将会每隔 10 个训练间隔记录损失值：

```
epoch 0: loss = 99.8635025024
epoch 10: loss = 35.3869667053
epoch 20: loss = 15.9411172867
epoch 30: loss = 7.66391372681
epoch 40: loss = 1.39575612545
epoch 50: loss = 0.00389165547676
epoch 60: loss = 0.00203850422986
epoch 70: loss = 0.00186171964742
epoch 80: loss = 0.00231492402963
epoch 90: loss = 0.00166488380637
epoch 100: loss = 0.00172081717756
epoch 110: loss = 0.0018497039564
epoch 120: loss = 0.00220602494664
epoch 130: loss = 0.00179589167237
epoch 140: loss = 0.00122790911701
epoch 150: loss = 0.0027100709267
epoch 160: loss = 0.00213225837797
epoch 170: loss = 0.00215123943053
epoch 180: loss = 0.00148373935372
epoch 190: loss = 0.00171591725666
```

有关输出的完整示例，请参阅本书的网站（https://www.manning.com/books/machine-learning-with-tensorflow）或 GitHub 仓库（http://mng.bz/D0Na）。

7.5 自编码器的应用

本章介绍了最简单的自编码器类型，但其他类型的变体已经被研究了，每种变体都有其优点和应用。我们来看几个：

- **堆叠自编码器**按照与普通自编码器相同的方式启动。它通过最小化重构误差来学习怎样将输入编码为较小的隐层。隐层现在被视为新自编码器的输入，这个新自编码器试图将第一层隐神经元编码为更小的神经元层（隐神经元的第二层）。这个过程可以根据需要继续。通常，在深度神经网络结构中，学习到的编码权重被用作求解回归或分类问题的初始值。

- **去噪自编码器**接收一个噪声输入，而不是原始输入，并且该编码器试图"去噪"它。代价函数不再被用来最小化重构误差。现在，你试图最小化降噪图像和原始图像之间的误差。直觉是指人类的头脑即使在图片上面有划痕或标记之后，也能理解一张图片。如果一台机器也能通过噪声输入来恢复原始数据，或许它会对数据有了更深的理解。去噪模型已被证明能够更好地捕捉图像的显著特征。

- **变分自编码器**可以在直接给定隐变量的情况下生成新的自然图像。假设将一个男人的图片编码为 100 维向量，然后将女人的图片编码为另一个 100 维向量。可以取两个向量的平均值，通过解码器进行解码，然后生成一个合理的图像，该图像在视觉上表示介于男人和女人之间的人。变分自编码器的这种生成能力来源于一类被称为**贝叶斯网络**的概率模型。

7.6　小结

- 当线性模型对于所描述的数据集无效时，神经网络是有用的。
- 自编码器是无监督学习算法，它们试图重现它们的输入，通过这样做，它们揭示了关于数据的有趣结构。
- 通过平整化和灰度化，可以很容易地将图像作为输入提供给神经网络。

第 *8* 章
强 化 学 习

人类懂得从过去的经历中学习（或者，至少他们应该这样做）。你的成功绝非偶然。多年来的积极赞美和负面批评都有助于塑造你今天的成就。本章讨论的是如何设计一个由批评和奖励（回报）驱动的机器学习系统。

你可以通过与朋友、家人甚至是陌生人的互动来了解如何才能让人们开心起来，同时你也会通过尝试各种肌肉运动来学会骑自行车。当你执行操作时，有时会立即获得奖励。例如，在附近找到一家好餐馆可能会产生即时的满足感。其他时候，奖励却不会立即出现，例如在长途旅行中寻找特殊的吃饭地点。强化学习是指在任意状态下做出正确的行动，如图 8.1 所示，一个人正在做出决定以便到达目的地。

此外，假设从家到单位的路上，你总是选择相同的路线。但是有一天在好奇心的驱使下，你希望缩短通勤时间并决定尝试一条不同的路线。尝试新路线还是坚持老路线这样的两难处境正是**探索与利用**的一个例子。

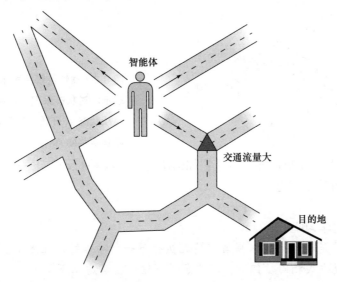

图 8.1　人如何在交通和无法预期的情况下导航到达目的地正是强化学习所设置的问题

　　注意　为什么要把在尝试新事物和坚持旧事物之间进行权衡称为探索与利用？"探索"是有道理的，但你也可以把"利用"看作是对已知知识的温故知新。

所有这些示例都可以在表述上统一为：在场景中执行操作可以产生奖励。场景的更具技术性的术语是**状态**。我们将所有可能状态的集合称为**状态空间**。执行操作会导致状态发生变化。但问题是，什么样的一系列行动才能产生最高的预期回报？

8.1　形式化定义

监督学习和无监督学习是两个极端，**强化学习**（Reinforcement Learning, RL）则介乎于中间的某个地方。它不是监督学习，因为训练数据来自于在探索和利用之间决定的算法。并且它也不是无监督学习，因为该算法接收到的是来自环境的反馈。只要处于在状态内执行某项行动产生奖励的情况，就可以使用强化学习来发现一系列良好的行动，以最大限度地发挥预期的奖励。

你可能会注意到强化学习中的术语涉及将算法拟人化为在**情境**中采取**行动**来获得**奖励**。该算法通常会涉及在环境中行动的**智能体**。因此，大多数强化学习理论被应用于机器人技术也就不足为奇了。图 8.2 展示了状态、行动和奖励之间的相互作用。

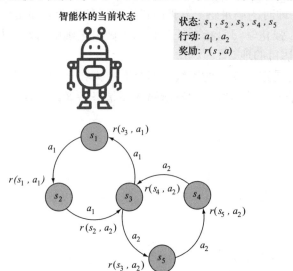

智能体的当前状态

状态：s_1, s_2, s_3, s_4, s_5
行动：a_1, a_2
奖励：$r(s, a)$

图 8.2　动作用箭头表示，状态用圆圈表示。对状态采取行动会产生奖励。如果从状态 s_1 开始，则可以执行操作 a_1 以获得奖励 $r(s_1, a_1)$

机器人执行动作以改变状态。但是它如何决定采取哪种行动？下一节将介绍一种称为**策略**的新概念来回答这个问题。

人类也会使用强化学习吗？

强化学习似乎是解释如何根据当前情况执行下一个动作的最佳方法。这也许与人类在生物学上的表现方式相同。但是，不要急于下结论，考虑以下示例。

有时，人类会不假思索地行动。如果口渴，就会本能地喝一杯水来解渴。人并不会在脑海中迭代出所有可能的关节运动，并在彻底计算后选择最佳运动。

最重要的是，我们所采取的行动并不仅仅取决于每时每刻的观察。否则，我们还没有细菌聪明，因为它们会根据所处的环境来行动。事实并非如此，简单的强化学习模型可能无法完全解释人类的行为。

8.1.1　策略

每个人都以不同的方式来打扫自己的房间。有些人从铺床开始。笔者更喜欢顺时针打扫自己的房间，所以不会错过任何一个角落。你有没有见过机器人真空吸尘器，比如 Roomba？有人制定了可以遵循的策略来清理任何房间。在强化学习的术语中，智能体决定采取哪种行动的方式称为**策略**：它是决定下一个状态的一组动作（见图 8.3）。

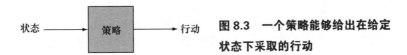

图 8.3　一个策略能够给出在给定状态下采取的行动

强化学习的目标是发现一个好的策略。制定该策略的一种常见方式是观察每个状态下行动的长期后果。**奖励**是衡量采取行动后得到结果的标准。最好的策略被称为**最优策略**，它通常是强化学习的最好结果。在任意给定状态下，最优策略会告诉你最佳操作——但目前可能无法提供最高奖励。

通过观察直接结果（采取行动后的事物状态）来衡量奖励，这很容易计算。这被称为**贪婪策略**，但"贪婪地"选择具有最佳**即时**奖励的行动并不总是一个好主意。例如，在打扫房间时，你可能会先去铺床，因为这样做房间看起来会更整洁。但如果另一个目标是洗床单，那么首先铺床可能不是最好的整体策略。你需要查看接下来几个动作的结果以及最终的结束状态，以提出最佳方法。同样地，在国际象棋中，抓住对手的皇后可以最大化棋盘上棋子的分数——但如果这样做会让你在以后的五步棋中被将死，那么这不是最好的举动。

你也可以随意选择一个动作：这是一个**随机策略**。如果你想出了一个解决强化学习问题的策略，那么就要仔细检查你的学习策略是否比随机策略和贪婪策略都要好。

（马尔可夫）强化学习的局限性

大多数强化学习的表述认为，最好的行动可以从当前所了解的状态中找出，而不是考虑状态和行动的长期历史。这种基于当前状态做出决策的方法称为**马尔可夫决策**，并且通用框架通常被称为马尔可夫决策过程（Markov Decision Process, MDP）。

通过状态充分捕捉下一步做什么的这种情况可以用本章讨论的强化学习算法来建模。但是大多数现实世界的情况并不都是马尔可夫的，因此需要更现实的方法，例如状态和行为的分层表示。从一个非常简单的意义上来说，层次模型就像与上下文无关的语法，而马尔可夫决策过程则像有限状态机。通过马尔可夫决策过程对问题进行建模可以显著提高规划算法的有效性。

8.1.2　效用函数

长期奖励称为**效用**。如果知道在某个状态下执行某项动作的效用，那么使用强化学习很容易学习该策略。例如，要确定采取的动作，请应选择能够生成最高效用的行动。正如你可能已经猜到的那样，困难的部分是如何揭示这些效用值。

在状态 s 下执行动作 a 的效用被写为函数 $Q(s, a)$，称为**效用函数**，如图 8.4 所示。

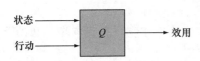

图 8.4　给定状态和采取的行动，应用效用函数 Q 预测预期奖励和总奖励：即时奖励（下一个状态）加上后来通过遵循最优策略获得的奖励

练习 8.1

如果给出效用函数 $Q(s, a)$，如何使用它来推导出一个策略函数？

答案

Policy(s)=argmax_a $Q(s,a)$

计算特定状态 - 行动对 (s, a) 效用的方法是递归地考虑未来动作的效用。当前行动的效用不仅会受到即时奖励影响，还会受到下一个最佳行动的影响，如下面的公式所示。其中，s' 表示下一个状态，a' 表示下一个动作。在状态 s 中采取行动的奖励由 $r(s, a)$ 表示：

$$Q(s, a) = r(s, a) + \gamma \max Q(s', a')$$

其中，γ 是可以选择的超参数，称为**折扣因子**。如果 γ 为 0，则智能体会选择最大化立即奖励的动作。较高的 γ 值将使智能体更加重视考虑长期后果。可以将公式读作 "此动作的价值是，通过采取此动作而得到的即时奖励加上折扣因子与之后可能发生的最佳事件的乘积。"

展望未来的奖励是你可以操作的一种超参数，但还有另一种。在强化学习的一些应用中，新的可用信息可能比历史记录更重要，反之亦然。例如，如果期望机器人学会快速解决任务，但不一定是最佳解决任务，则可能需要设置更快的学习速率。或者，如果允许机器人有更多时间进行探索和利用，你可以调低学习率。让我们调用学习率 α，并按如下方式改变效用函数（注意，当 $\alpha=1$ 时，两个方程都相同）。

$$Q(s, a) \leftarrow Q(s, a) + \alpha \, [r(s, a) + \gamma \max Q(s', a') - Q(s, a)]$$

如果知道 Q 函数 $Q(s, a)$，就可以解决强化学习问题。对于我们来说，在给定足够的训练数据的情况下，神经网络（第 7 章）是一种近似表示函数的方法。TensorFlow 是处理神经网络的理想工具，因为它带有许多简化神经网络实现的基本算法。

8.2　强化学习的应用

强化学习的应用需要定义一种从一个状态采取行动后获取奖励的方法。股票市场交易者很容易满足这些要求，因为买卖股票会改变交易者的状态（手头的现金），并且每个行动都会产生奖励（或损失）。

这种情况下的状态是一个向量，其中包含当前预算、当前库存数量和最近股票价格历史（最近 200 只股票的价格）有关的信息。因此，每个状态是一个 202 维向量。

练习 8.2

使用强化学习购买和出售股票有哪些可能的缺点？

答案

通过在市场上执行行动（例如买入或卖出股票），你最终可能会影响市场，从而导致你的训练数据发生巨大变化。

为简单起见，这里只允许存在三种行为——买入、卖出和持有：

- 以当前股票价格购买股票会减少预算，同时增加当前股票数量。
- 以当前股价格出售股票可获得钱。
- 仅仅是持有，其他什么都不做。这种行为需要等待一段时间段，而且不会产生任何奖励。

图 8.5 显示了在某个股票市场的数据下一种可能的策略。

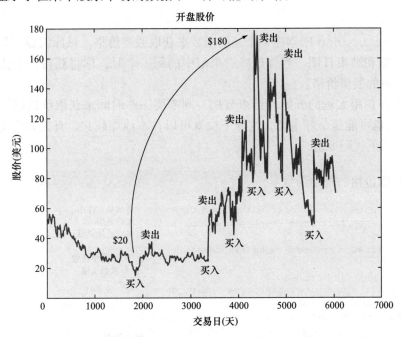

图 8.5　理想情况下，我们的算法应低买高卖。如图所示，这样做一次可能会产生大约 160 美元的奖励。但是当你更频繁地买卖时，真正的利润就会滚滚而来。有没有听说过高频交易这个词？这是为了尽可能频繁地低买高卖，以在一段时间内实现利润的最大化

目标是学习一种通过股票市场交易获得最大净资产的政策。这是不是很酷吗？我们开始做吧！

8.3　强化学习的实现

要收集股票价格，你将使用 Python 中的 yahoo_finance 库。你可以使用 pip 安装它，也可以按照官方指南（https://pypi.python.org/pypi/yahoo-finance）进行安装。使用 pip 安装该库的命令如下：

```
$ pip install yahoo-finance
```

安装完成后，让我们导入所有相关的库（见代码 8.1）。

代码 8.1　导入相关库

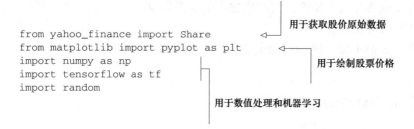

```
from yahoo_finance import Share          用于获取股价原始数据
from matplotlib import pyplot as plt
import numpy as np                        用于绘制股票价格
import tensorflow as tf
import random
                                  用于数值处理和机器学习
```

使用 yahoo_finance 库创建一个辅助函数来获取股票价格。该库需要三条信息：股票代码、开始日期和结束日期。当你选择三个值中的每一个时，你将获得一个数字列表，它表示该交易日内的股票价格。

如果你选择相距太远的开始和结束日期，则需要一些时间来获取该数据。将数据保存（即缓存）到磁盘可能是个好主意，这样下次就可以在本地加载它。有关如何使用库和缓存数据，请参见以下代码 8.2。

代码 8.2　获取价格的辅助函数

```
def get_prices(share_symbol, start_date, end_date,        尝试从文件中
               cache_filename='stock_prices.npy'):        加载数据(如
    try:                                                   果已经计算过)
        stock_prices = np.load(cache_filename)
    except IOError:                                        从库中检索
        share = Share(share_symbol)                        股票价格
        stock_hist = share.get_historical(start_date, end_date)
        stock_prices = [stock_price['Open'] for stock_price in stock_hist]
        np.save(cache_filename, stock_prices)
                                                           缓存结果
    return stock_prices.astype(float)

仅从原始数据中
提取相关信息
```

作为健全性检查，最好是将股票价格数据可视化。创建一个绘图，并将其保存到磁盘（见代码 8.3）。

代码 8.3　绘制股票价格的辅助函数

```
def plot_prices(prices):
    plt.title('Opening stock prices')
    plt.xlabel('day')
    plt.ylabel('price ($)')
    plt.plot(prices)
    plt.savefig('prices.png')
    plt.show()
```

你可以使用以下代码 8.4 获取一些数据并将其可视化。

代码 8.4　获取数据并将其可视化

```
if __name__ == '__main__':
    prices = get_prices('MSFT', '1992-07-22', '2016-07-22')
    plot_prices(prices)
```

图 8.6 显示了运行代码 8.4 后所生成的图表。

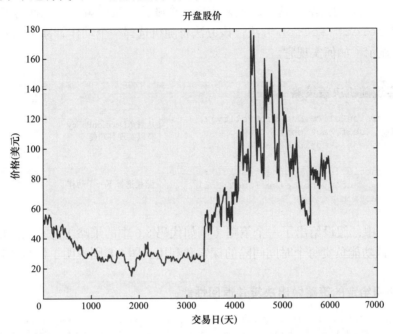

图 8.6　此图表给出了微软（Microsoft，MSFT）从 1992 年 7 月 22 日到 2016 年 7 月 22 日的开盘价。
在第 3000 天左右购买并在第 5000 天左右出售不是很好吗？让我们看看我们的代码是否也可以学习购买、
出售和持有以获得最佳收益

　　大多数强化学习算法都会遵循类似的实现模式。因此，创建一个具有稍后引用的相关
方法的类是个好主意，例如抽象类或接口。有关示例，请参见代码 8.5，有关这段代码的说
明，请参见图 8.7。强化学习需要两个明确定义的操作：如何选择一个动作，以及如何改进
效用函数 Q。

代码 8.5　为所有决策策略定义超类

```
class DecisionPolicy:
    def select_action(self, current_state):        ←── 给定一个状态，
        pass                                            决策策略将计
                                                        算下一步将要
                                                        采取的行动

    def update_q(self, state, action, reward, next_state):   ←── 从采取行动
        pass                                                     的新经验中
                                                                 改进 Q 函数
```

```
Infer( s ) => a
Do( s , a ) => r , s'
Learn( s , r , a , s' )
```

**图 8.7　大多数强化学习算法都可以归结为三个主要步骤：推断、执行和学习。
在第一步中，算法使用到目前为止的知识，在给定状态（s）的情况下选择最佳
动作（a）。接下来，算法执行动作以找出奖励（r）以及下一个状态（s'）。然后
通过使用新获得的知识（s, r, a, s'）来改进对世界的理解**

接下来，让我们通过继承这个超类来实现一个随机决策的策略，也称为随机决策策略。
你只需要定义 select_action 方法，该方法将随机选择一个动作，甚至不需要查看状态。
以下代码 8.6 显示了如何实现它。

代码 8.6　实现随机决策策略

```
class RandomDecisionPolicy(DecisionPolicy):        ◁──  从继承DecisionPolicy
    def __init__(self, actions):                         类以实现其功能
        self.actions = actions

    def select_action(self, current_state):        ◁──  随机选择下一个动作
        action = random.choice(self.actions)
        return action
```

在代码 8.7 中，假设给出了一个策略（例如代码 8.6 中的策略）并在实际的股票价格数
据上运行它。该功能负责每个时间间隔的探索和利用。图 8.8 则说明了代码 8.7 中的算法。

代码 8.7　使用给定的策略做出决策并返回性能

```
def run_simulation(policy, initial_budget, initial_num_stocks, prices, hist):
    budget = initial_budget
    num_stocks = initial_num_stocks
    share_value = 0                              初始化依赖于计算投资组合净值的值
    transitions = list()
    for i in range(len(prices) - hist - 1):
        if i % 1000 == 0:
            print('progress {:.2f}%'.format(float(100*i) / (len(prices) -
        hist - 1)))
        current_state = np.asmatrix(np.hstack((prices[i:i+hist], budget,
        num_stocks)))
        current_portfolio = budget + num_stocks * share_value       从当前策
        action = policy.select_action(current_state, i)             略中选择
        share_value = float(prices[i + hist])                       一个行动

        if action == 'Buy' and budget >= share_value:
            budget -= share_value
            num_stocks += 1                                         根据行动
        elif action == 'Sell' and num_stocks > 0:                   更新投资
            budget += share_value                                  组合值
            num_stocks -= 1
        else:
            action = 'Hold'
        new_portfolio = budget + num_stocks * share_value
```

此状态是 hist + 2 维向量，可以强制把它转换为 NumPy 矩阵

计算投资组合值

采取行动后计算新的投资组合值

```
            reward = new_portfolio - current_portfolio
            next_state = np.asmatrix(np.hstack((prices[i+1:i+hist+1], budget,
       num_stocks)))
            transitions.append((current_state, action, reward, next_state))
            policy.update_q(current_state, action, reward, next_state)

    portfolio = budget + num_stocks * share_value
    return portfolio
```

计算在状态下采取行动的奖励

在新行动后更新策略

计算最终的投资组合值

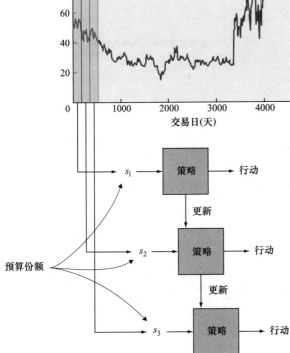

图 8.8 以一定大小的滚动窗口遍历股票价格，并分割出状态 s_1、s_2 和 s_3。该策略建议：选择利用它或随机探索另一个行动。当获得执行行动的奖励时，就可以随时更新策略函数

为了获得更加可靠的成功度量，让我们多运行几次模拟并对结果取平均值（见代码 8.8）。这样做可能需要一段时间才能完成（可能需要 5min），但结果会更可靠。

代码 8.8 运行多个模拟来计算平均性能

确定重新运行模拟的次数

```
def run_simulations(policy, budget, num_stocks, prices, hist):
    num_tries = 10
    final_portfolios = list()
    for i in range(num_tries):
        final_portfolio = run_simulation(policy, budget, num_stocks, prices,
       hist)
        final_portfolios.append(final_portfolio)
        print('Final portfolio: ${}'.format(final_portfolio))
    plt.title('Final Portfolio Value')
```

存储此数列中每次运行的投资组合值

运行此模拟

```
plt.xlabel('Simulation #')
plt.ylabel('Net worth')
plt.plot(final_portfolios)
plt.show()
```

在 main 函数中，附加以下代码以定义决策策略并运行模拟以查看其执行情况（见代码 8.9 ）。

代码 8.9　定义决策策略

```
if __name__ == '__main__':
    prices = get_prices('MSFT', '1992-07-22', '2016-07-22')
    plot_prices(prices)
    actions = ['Buy', 'Sell', 'Hold']          ◁───── 定义智能体可以执行的操作的列表
    hist = 3


    policy = RandomDecisionPolicy(actions)
    budget = 100000.0
    num_stocks = 0
    run_simulations(policy, budget, num_stocks, prices, hist)  ◁──

    设置可供使用的初始资金

                    多次运行模拟以计算可供使用的最终净值的预期值

    初始化一个随机决策策略

                                        设置已拥有的股票数量
```

现在已经有了用来比较结果的基线，让我们实现一个神经网络方法来学习 Q 函数。该决策策略通常称为 Q 学习的决策策略。代码 8.10 中引入了一个新的超参数 epsilon，它可以防止解决方案在反复应用相同的操作时"卡住"。其值越低，随机探索新行动的次数就越多。Q 函数由图 8.9 中描述的函数定义。

代码 8.10　实现更智能的决策策略

```
class QLearningDecisionPolicy(DecisionPolicy):
    def __init__(self, actions, input_dim):
        self.epsilon = 0.95
        self.gamma = 0.3                       设置Q函数的超参数
        self.actions = actions
        output_dim = len(actions)
        h1_dim = 20                   ◁───── 设置神经网络中隐藏节点的数量

        self.x = tf.placeholder(tf.float32, [None, input_dim])
        self.y = tf.placeholder(tf.float32, [output_dim])
        W1 = tf.Variable(tf.random_normal([input_dim, h1_dim]))
        b1 = tf.Variable(tf.constant(0.1, shape=[h1_dim]))
        h1 = tf.nn.relu(tf.matmul(self.x, W1) + b1)
        W2 = tf.Variable(tf.random_normal([h1_dim, output_dim]))
        b2 = tf.Variable(tf.constant(0.1, shape=[output_dim]))
        self.q = tf.nn.relu(tf.matmul(h1, W2) + b2)
```

定义输入和输出张量

定义操作来计算效用函数

设计神经网络的架构

将损
失设
置为
平方
误差

```
loss = tf.square(self.y - self.q)
self.train_op = tf.train.AdagradOptimizer(0.01).minimize(loss)
self.sess = tf.Session()
self.sess.run(tf.global_variables_initializer())
```

设置会话，并
初始化变量

通过优化
程序更新
模型参数
以最大限
度地减少
损失

```
def select_action(self, current_state, step):
    threshold = min(self.epsilon, step / 1000.)
    if random.random() < threshold:
            # Exploit best option with probability epsilon
        action_q_vals = self.sess.run(self.q, feed_dict={self.x:
 current_state})
        action_idx = np.argmax(action_q_vals)
        action = self.actions[action_idx]
    else:
        # Explore random option with probability 1 - epsilon
        action = self.actions[random.randint(0, len(self.actions) - 1)]
    return action
```

以概率
1-epsilon
探索随
机选项

```
def update_q(self, state, action, reward, next_state):
    action_q_vals = self.sess.run(self.q, feed_dict={self.x: state})
    next_action_q_vals = self.sess.run(self.q, feed_dict={self.x:
 next_state})
    next_action_idx = np.argmax(next_action_q_vals)
    current_action_idx = self.actions.index(action)
    action_q_vals[0, current_action_idx] = reward + self.gamma *
 next_action_q_vals[0, next_action_idx]
    action_q_vals = np.squeeze(np.asarray(action_q_vals))
    self.sess.run(self.train_op, feed_dict={self.x: state, self.y:
 action_q_vals})
```

以概率epsilon探索最佳选项

通过更新其模型参数来更新Q函数

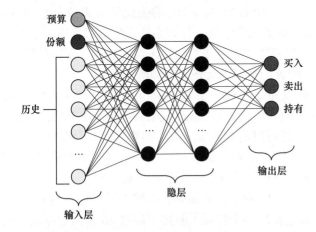

图 8.9　输入的是状态空间向量，输出
有三个：每个输出一个 Q 值

练习 8.3

你的状态空间表示中还忽略了哪些会影响股票价格的可能因素？怎么才能把它们也
纳入到模拟中？

答案

　　股票价格取决于多种因素，包括一般市场趋势、突发新闻和特定行业趋势。一旦量化，这些因素中的每一个都可以作为模型的附加维度来应用。

运行整个脚本时得到的输出如图 8.10 所示。

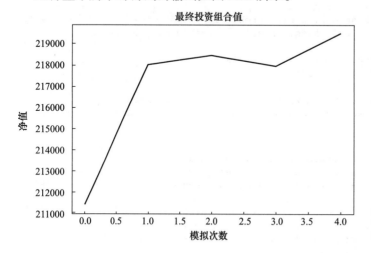

图 8.10　该算法学会了一种交易微软股票的好策略

8.4　探索强化学习的其他应用

　　强化学习的使用频率要高于你的预期。但当你学习了监督学习和无监督学习方法后，很容易就会忘记它的存在。但是以下示例将让你了解到 Google 成功使用了强化学习。

- **游戏**：2015 年 2 月，Google 开发了一个名为 Deep RL 的强化学习系统，它可以学习如何通过 Atari 2600 控制台来玩街机视频游戏。与大多数强化学习解决方案不同，该算法具有高维输入：可以逐帧地感知视频游戏的原始图像。这样，相同的算法就可以在没有太多重新编程或重新配置的情况下玩任何视频游戏。
- **更多游戏**：2016 年 1 月，Google 发布了一篇关于能够赢得围棋比赛的智能体的论文。众所周知，围棋是不可预测的，因为它有大量可能的配置（甚至超过国际象棋），但这种使用强化学习的算法却可以击败顶级的人类围棋大师。最新版本的 AlphaGo Zero 于 2017 年底发布，它在仅仅 40 天的训练中就能够连续击败早期的版本（100∶0）。当你读到这段文字时，它也许会比这个版本还要好很多。
- **机器人和控制**：2016 年 3 月，Google 展示了一种能够让机器人通过许多例子来学习如何抓取物体的方法。Google 通过使用多个机器人收集了超过 80 万次的抓取尝试，并开发出一个模型来抓取任意对象。令人印象深刻的是，机器人仅借助相机输入就能够抓取物体。学习抓取物体的简单概念需要聚集许多机器人的知识，这些机器人在蛮力尝试中花费了很多天，直到足够多的模式被发现为止。很明显，机器人项目还有很长的路要走，但这仍然是一个有趣的开端。

注意　既然你已经将强化学习应用于股票市场，那么现在就是你辍学或辞掉工作并开始利用这个系统大显神通的时候了。这是你的回报，亲爱的读者，实现它远远超出本书！以上都是玩笑话，实际的股票市场是一个更复杂的系统，但本章中使用的技术确实已经概括了许多情况。

8.5　小结

- 强化学习可以解决因智能体为发现奖励所采取的行动而发生变化的状态构建问题。
- 实施强化学习算法需要三个主要步骤：从当前状态推断出最佳动作，执行动作并从结果中学习。
- Q 学习是一种解决强化学习的方法，通过该方法可以开发出一种近似效用函数（Q 函数）的算法。找到足够好的近似值后，就可以开始推断每个状态的最佳动作。

第 *9* 章
卷积神经网络

本章要点
- 研究卷积神经网络的组成
- 利用深度学习对自然图像进行分类
- 提高神经网络性能的窍门和技巧

在一个筋疲力尽的日子后买东西是一种费力的体验。我们的眼睛被太多的信息轰炸了。促销、优惠券、颜色、蹒跚学步的孩子、闪烁的灯光和拥挤的过道只是传递给我们视觉皮层的所有信号的几个例子。不管我们是否主动地关注，视觉系统都会吸收大量信息。

有没有听说过"一图抵千言"？对你我来说这可能是真的，但是机器也能从图像中找到意义吗？我们视网膜中的感光细胞可以吸收光的波长，但这些信息似乎并没有传播到我们的意识中。毕竟，我们也无法准确地说出自己看到的波长是什么。类似地，相机可以获得像素，但我们想要获得某种形式的更高层次的知识，例如物体的名称或位置。我们如何才能通过像素得到人类水平的感知？

为了通过机器学习从原始的感官输入中获得智能含义，我们将设计一个神经网络模型。在前面章节中，我们已经看到了一些类型的神经网络模型，例如全连接的模型（第 8 章）和自编码器（第 7 章）。在本章中，我们将遇到另一种称为**卷积神经网络**（Convolutional Neural Network, CNN）的模型，它在图像和其他感觉数据（如音频）上表现得特别好。例如，卷积神经网络模型可以可靠地将图像中显示的对象分类。

我们在本章中实现的卷积神经网络模型可以学习如何将图像分类为 10 个候选类别中的一个。实际上，"一图抵千言"只有 10 种可能性。这是人类感知的一小步，但我们必须从某个地方开始，对吧？

9.1　神经网络的缺点

机器学习一直在设计一个模型（有足够表达能力来表示数据），但是它并不那么灵活，以至于会过拟合和记住模式。神经网络被提出来作为一种提高表达能力的方法；然而，正如你可能猜到的，它经常会出现过拟合的情况。

> **注意**　当学习模型在训练数据集上执行得特别好，但在测试数据集上执行得不太好时，会发生过拟合。对于可用的少量数据，该模型可能过于灵活，并且最终或多或少会记住训练数据。

比较两个机器学习模型灵活性的快速而粗糙的启发式方法是：计算要学习参数的数量。如图 9.1 所示，一个全连接的神经网络，它接收 256 像素 × 256 像素的图像并将其映射到拥有 10 个神经元的层上，这样它将具有 $256 \times 256 \times 10 = 655360$ 个参数！将其与一个只有 5 个参数的模型进行比较。与具有 5 个参数的模型相比，全连接神经网络可能表示更复杂的数据。

下一节将介绍卷积神经网络，这是一种减少参数数量的聪明方法。卷积神经网络方法并不是处理全连接网络，而是多次重复使用相同的参数。

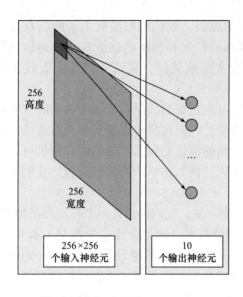

图 9.1　在全连接网络中，图像的每个像素被视为输入。对于大小为 256 像素 ×256 像素的灰度图像，它有 256×256 个神经元！将每个神经元连接到 10 个输出，则会产生 256×256×10 = 655360 个权重

9.2　卷积神经网络

　　卷积神经网络背后的思想是对图像的局部理解足够好。实际好处是：通过减少参数可以极大地改进学习所需的时间，并减少训练模型所需的数据量。

　　卷积神经网络不是关于每个像素全连接的权重网络，它只有足够的权重来查看图像的一小块。这就像用放大镜读一本书；最终，你读完了整页，但在任何给定的时间，你只能看到一小块页面。

　　考虑一个 256 像素 ×256 像素的图像。与 TensorFlow 代码一次只能处理整个图像不同，它可以有效地逐块扫描，比如一个 5×5 的窗口。5×5 的窗口沿着图像滑动（通常从左到右，从上到下），如图 9.2 所示。它移动的快慢程度被称为它的**步长**。例如，步长为 2 意味着 5×5 的滑动窗口一次移动 2 个像素，直到它跨越整个图像。我们马上就会看到，在 TensorFlow 中，可以使用内置的库函数轻松地调整步长和窗口大小。

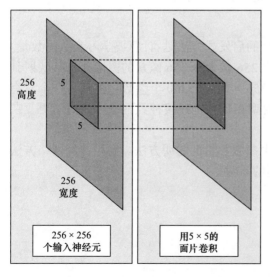

图 9.2　将一个 5×5 的面片（patch）卷积到一个图像上，如左图所示。产生另一个如右图所示的图像。在这种情况下，所产生的图像与原始图像的大小相同。将原始图像转换成卷积图像只需要 5×5 = 25 个参数

这个 5×5 窗口有一个与之对应的 5×5 的权重矩阵。

定义　当窗口在整个图像上滑动时，**卷积**是图像像素值的加权和。结果使整个具有权重矩阵的图像在卷积过程中产生另一个图像（根据惯例，它们的大小相同）。**卷积化**是应用卷积计算的过程。

在神经网络的**卷积层**中出现了滑动窗口。一个典型的卷积神经网络有多个卷积层。每个卷积层通常能产生许多可选的卷积，因此权重矩阵是 $5 \times 5 \times n$ 的张量，其中 n 是卷积数目。

例如，假设图像在 $5 \times 5 \times 64$ 的权重矩阵上进行卷积。它通过滑动一个 5×5 的窗口产生 64 个卷积。因此，该模型具有 $5 \times 5 \times 64$（=1600）个参数，显著少于全连接网络的 256×256（=65536）。

卷积神经网络的优点在于参数数量独立于原始图像大小。你可以在 300 像素 × 300 像素的图像上运行相同的卷积神经网络，而卷积层的参数数量却不会改变！

9.3　准备图像

为了开始使用 TensorFlow 实现卷积神经网络，让我们首先获得一些要处理的图像。本节中的代码将帮助你为本章的其余部分设置一个训练数据集。

首先，通过 www.cs.toronto.edu/~kriz/cifar-10-python.tar.gz 获得 CIFAR-10 数据集。该数据集包含 60000 个图像，平均分为 10 个类别，这使它成为分类任务的巨大资源。然后将该文件提取到工作目录中。图 9.3 显示了来自数据集的图像示例。

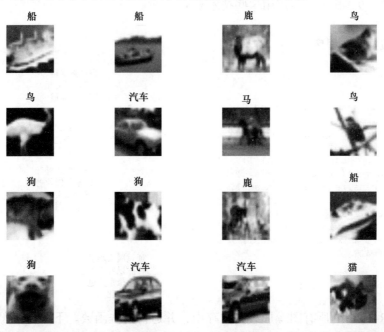

图 9.3　来自 CIFAR-10 数据集的图像。因为它们的大小只有 32 像素 × 32 像素，所以很难看清，但是通常你可以识别出一些对象

我们曾在前面的自编码器中使用了 CIFAR-10 数据集，所以我们可以再次取出该代码。以下代码 9.1 直接来自位于 www.cs.toronto.edu/~kriz/cifar.html 的 CIFAR-10 文档。将代码放置在一个名为"cifar_tools.py"的文件中。

代码 9.1　用 Python 从 CIFAR-10 文件加载图像

```python
import pickle

def unpickle(file):
    fo = open(file, 'rb')
    dict = pickle.load(fo, encoding='latin1')
    fo.close()
    return dict
```

神经网络已经倾向于过拟合，所以必须尽可能地减少这种误差。因此，请记住在处理数据之前要清洗数据。

清洗数据是机器学习流水线中的核心过程。代码 9.2 实现了以下三个步骤以清理图像数据集：

（1）如果有彩色图像，请尝试将其转换为灰度图，以降低输入数据的维数，从而减少参数的数量。

（2）考虑对图像进行中心裁剪，因为图像的边缘可能不提供有用的信息。

（3）通过减去平均值再除以每个数据样本的标准差来将输入归一化，以便反向传播期间的梯度不会发生太大的变化。

下面的代码 9.2 显示如何使用这些技术来清理图像数据集。

代码 9.2　数据清洗程序

```python
import numpy as np

def clean(data):
    imgs = data.reshape(data.shape[0], 3, 32, 32)          # 整理数据得到32×32的矩阵与三通道
    grayscale_imgs = imgs.mean(1)                          # 通过平均颜色强度调整灰度
    cropped_imgs = grayscale_imgs[:, 4:28, 4:28]           # 把32像素×32像素的图像剪成24像素×24像素的图像
    img_data = cropped_imgs.reshape(data.shape[0], -1)
    img_size = np.shape(img_data)[1]
    means = np.mean(img_data, axis=1)
    meansT = means.reshape(len(means), 1)
    stds = np.std(img_data, axis=1)
    stdsT = stds.reshape(len(stds), 1)
    adj_stds = np.maximum(stdsT, 1.0 / np.sqrt(img_size))
    normalized = (img_data - meansT) / adj_stds            # 通过减去均值再除以标准差来对像素值进行归一化
    return normalized
```

将 CIFAR-10 中的所有图像加载到内存中，并运行清洗函数。下面的代码 9.3 设置了一个方便的方法来读取、清理和结构化数据以便在 TensorFlow 中使用。同样包括在"cifar_tools.py"中。

代码 9.3　预处理所有 CIFAR-10 文件

```python
def read_data(directory):
    names = unpickle('{}/batches.meta'.format(directory))['label_names']
    print('names', names)

    data, labels = [], []
    for i in range(1, 6):
        filename = '{}/data_batch_{}'.format(directory, i)
        batch_data = unpickle(filename)
        if len(data) > 0:
            data = np.vstack((data, batch_data['data']))
            labels = np.hstack((labels, batch_data['labels']))
        else:
            data = batch_data['data']
            labels = batch_data['labels']

    print(np.shape(data), np.shape(labels))

    data = clean(data)
    data = data.astype(np.float32)
    return names, data, labels
```

在另一个名为 "using_cifar.py" 的文件中，现在可以通过导入 cifar_tools 来使用该方法。代码 9.4 和代码 9.5 展示了如何从数据集中采样一些图像并可视化它们。

代码 9.4　使用 cifar_tools 辅助函数

```python
import cifar_tools

names, data, labels = \
    cifar_tools.read_data('your/location/to/cifar-10-batches-py')
```

可以随机选择一些图像，并沿着它们相应的标签绘制它们。下面的代码 9.5 就是这样做的，因此你可以更好地理解将要处理的数据类型。

代码 9.5　从数据集中可视化图像

```python
import numpy as np
import matplotlib.pyplot as plt
import random
    def show_some_examples(names, data, labels):
        plt.figure()
        rows, cols = 4, 4
        random_idxs = random.sample(range(len(data)), rows * cols)
        for i in range(rows * cols):
            plt.subplot(rows, cols, i + 1)
            j = random_idxs[i]
            plt.title(names[labels[j]])
            img = np.reshape(data[j, :], (24, 24))
            plt.imshow(img, cmap='Greys_r')
            plt.axis('off')
```

从数据集中随机选取要显示的图像

将此更改为所需的行数和列数

```
    plt.tight_layout()
    plt.savefig('cifar_examples.png')

show_some_examples(names, data, labels)
```

通过运行此代码 9.5 将生成一个名为"cifar_examples.png"的文件，该文件看起来类似于图 9.3。

9.3.1　生成过滤器

在这一节中，我们将用一对随机的 5×5 面片来卷积图像，面片也被称为**过滤器**。这是卷积神经网络中的一个重要步骤，我们将会研究数据是如何转换的。为了理解图像处理的卷积神经网络模型，观察图像过滤器变换图像的方式是明智的。过滤器是一种提取有用的图像特征（如边缘和形状）的方法。可以根据这些特征来训练机器学习模型。

记住：一个特征向量可以说明如何表示数据点。当一个过滤器被应用到一个图像中时，转换图像中的对应点是一个特征，其中，特征是指："当把过滤器应用到这一点时，它现在就有了这个新的值。"图像上使用的过滤器越多，特征向量的维数就越大。

打开一个名"conv_visuals.py"的文件，并随机初始化 32 个过滤器。在此过程中要定义一个大小为 5×5×1×32 的变量 W。前两个维度对应于滤波器大小，最后一个维度对应于 32 个卷积。变量大小中的 1 对应于输入维数，因为 conv2d 函数能够卷积多个通道的图像。（在我们的示例中，只关心灰度图像，因此输入通道的数量为 1。）下面的代码 9.6 提供了生成过滤器的代码，运行结果如图 9.4 所示。

代码 9.6　生成和可视化随机过滤器

```
W = tf.Variable(tf.random_normal([5, 5, 1, 32]))    ◁── 定义表示
                                                          随机过滤
def show_weights(W, filename=None):                       器的张量
    plt.figure()

    rows, cols = 4, 8                          ◁── 仅定义足够的
    for i in range(np.shape(W)[3]):                  行和列以显示
        img = W[:, :, 0, i]                          图9.4中的32个
        plt.subplot(rows, cols, i + 1)               图像
可视化   plt.imshow(img, cmap='Greys_r', interpolation='none')
每个过   plt.axis('off')
滤器矩   if filename:
阵       plt.savefig(filename)
        else:
            plt.show()
```

练习 9.1
更改代码 9.6 以生成大小为 3×3 的 64 个过滤器
答案
```
W = tf.Variable(tf.random_normal([3, 3, 1, 64]))
```

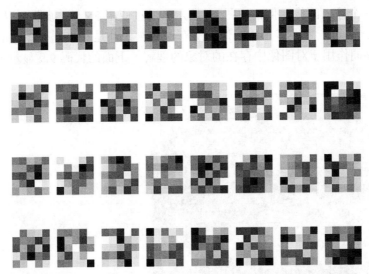

图 9.4　32 个随机初始化的矩阵，每个矩阵的大小为 5×5。它们代表用来卷积输入图像的过滤器

　　如下面的代码 9.7 所示，使用会话，并使用 `global_variables_initializer` 初始化一些权重。调用 show_weights 函数来可视化随机过滤器，结果如图 9.4 所示。

代码 9.7　使用会话初始化权重

```
with tf.Session() as sess:
    sess.run(tf.global_variables_initializer())

    W_val = sess.run(W)
    show_weights(W_val, 'step0_weights.png')
```

9.3.2　使用过滤器进行卷积

　　前一节编写了要使用的过滤器。在本节中，我们将在随机生成的过滤器上使用 TensorFlow 的卷积函数。下面给出的代码 9.8 用来可视化卷积输出。稍后我们就会像使用 show_weights 函数那样使用它。

代码 9.8　显示卷积结果

```
def show_conv_results(data, filename=None):
    plt.figure()
    rows, cols = 4, 8
    for i in range(np.shape(data)[3]):       张量的形状与
        img = data[0, :, :, i]               代码9.6中的
        plt.subplot(rows, cols, i + 1)       有所不同
        plt.imshow(img, cmap='Greys_r', interpolation='none')
        plt.axis('off')
    if filename:
        plt.savefig(filename)
    else:
        plt.show()
```

假设你有一个输入图像示例，如图 9.5 所示。通过使用 5×5 滤波器可以产生 24 像素 × 24 像素的图像，从而产生许多卷积图像。所有这些卷积都是观察同一图像的独特视角。这些不同的视角共同作用于对图像中存在的对象的理解。下面的代码 9.9 显示了如何一步一步地完成这件事。

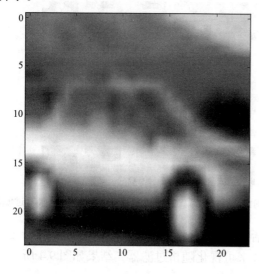

图 9.5　来自 CIFAR-10 数据集的 24 像素 × 24 像素的图像示例

代码 9.9　可视化卷积

```
raw_data = data[4, :]
raw_img = np.reshape(raw_data, (24, 24))
plt.figure()
plt.imshow(raw_img, cmap='Greys_r')
plt.savefig('input_image.png')

x = tf.reshape(raw_data, shape=[-1, 24, 24, 1])

b = tf.Variable(tf.random_normal([32]))
conv = tf.nn.conv2d(x, W, strides=[1, 1, 1, 1], padding='SAME')
conv_with_b = tf.nn.bias_add(conv, b)
conv_out = tf.nn.relu(conv_with_b)

with tf.Session() as sess:
    sess.run(tf.global_variables_initializer())

    conv_val = sess.run(conv)
    show_conv_results(conv_val, 'step1_convs.png')
    print(np.shape(conv_val))

conv_out_val = sess.run(conv_out)
    show_conv_results(conv_out_val, 'step2_conv_outs.png')
    print(np.shape(conv_out_val))
```

从 CIFAR 数据集获取图像，并将其可视化

为 24 像素 ×24 像素的图像定义输入张量

定义过滤器和相应的参数

在选定的图像上运行卷积

最后，通过运行 TensorFlow 中的 conv2d 函数，可以得到如图 9.6 所示的 32 幅图像。卷积图像的思想是，32 个卷积中的每个卷积都能捕获关于图像的不同特征。

通过添加偏置项和诸如 relu 的激活函数（参见代码 9.12），网络的卷积层表现为非线性，这样也就提高了表达性。图 9.7 显示了 32 个卷积输出中的每一个都变成了什么。

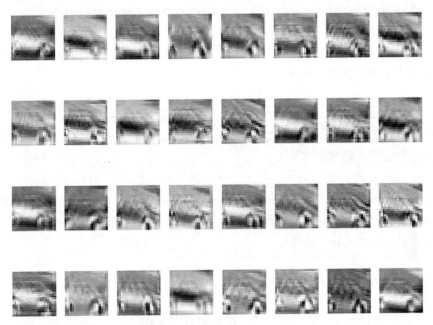

图 9.6　在汽车图像上使用随机过滤器卷积产生的图像

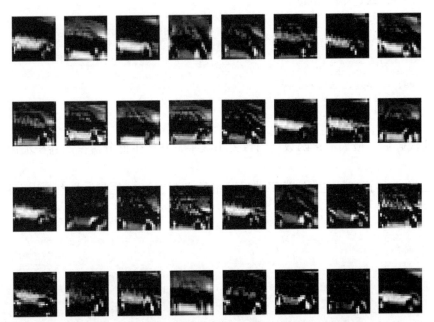

图 9.7　添加了偏置项和激活函数之后，生成的卷积可以捕获图像中更强大的模式

9.3.3　最大池化

在卷积层提取有用的特征之后，通常最好减小卷积输出的大小。重新缩放或对卷积的输出进行下采样将有助于减少参数的数量，同时也有助于不使数据过拟合。

最大池化技术背后的主要思想是扫过图像上的窗口，并选择具有最大值的像素。根据步长得到的图像是其原始尺寸的一小部分。这样做是有用的，因为它减少了数据的维度，从而减少了未来步骤中的参数数量。

练习 9.2

假设想要最大池化 32 像素 ×32 像素的图像。如果窗口大小是 2×2，步长是 2，那么得到的最大池化后的图像有多大？

答案

2×2 窗口需要在每个方向上移动 16 次以跨越 32 像素 ×32 像素的图像，因此图像大小将收缩一半：16 像素 ×16 像素。因为它在两个维度上都缩小了一半，所以图像是原始图像的四分之一（1/2×1/2）。

在会话的上下文中放置以下代码 9.10。

代码 9.10　运行 `maxpool` 函数以对卷积图像进行下采样

```
k = 2
maxpool = tf.nn.max_pool(conv_out,
                         ksize=[1, k, k, 1],
                         strides=[1, k, k, 1],
                         padding='SAME')

with tf.Session() as sess:
    maxpool_val = sess.run(maxpool)
    show_conv_results(maxpool_val, 'step3_maxpool.png')
    print(np.shape(maxpool_val))
```

运行此代码后，最大池化函数将图像大小减半，并产生低分辨率的卷积输出，如图 9.8 所示。

我们已经拥有了实现完整的卷积神经网络的必要工具。在下一节中，我们将最终训练图像分类器。

图 9.8 在运行最大池化函数后，卷积的输出在大小上减半，使得算法在计算上更快，而且也不会丢失太多的信息

9.4 使用 TensorFlow 实现卷积神经网络

卷积神经网络可以实现多层卷积和最大池化。卷积层在图像上能够提供不同的透视图，而最大池化层则可以通过减少维度来简化计算，同时又不会丢失太多的信息。

考虑一个全域 256 像素 ×256 像素的图像使用 5×5 过滤器被卷积成 64 个卷积图像。如图 9.9 所示，每个卷积都使用最大池化进行下采样，以产生 64 个大小为 128 像素 ×128 像素的较小卷积图像。

既然已经知道如何创建过滤器并使用卷积运算，那么我们就来生成一个新源文件。先从定义所有变量开始。在代码 9.11 中，导入所有库，然后加载数据集，最后定义所有变量。

代码 9.11 设置卷积神经网络权值

```
import numpy as np
import matplotlib.pyplot as plt
import cifar_tools
import tensorflow as tf

names, data, labels = \                                        ← 加载
    cifar_tools.read_data('/home/binroot/res/cifar-10-batches-py')    数据集

x = tf.placeholder(tf.float32, [None, 24 * 24])        │定义输入和
y = tf.placeholder(tf.float32, [None, len(names)])     │输出占位符

W1 = tf.Variable(tf.random_normal([5, 5, 1, 64]))      │应用64个窗口
b1 = tf.Variable(tf.random_normal([64]))               │大小5×5的卷积
```

```
W2 = tf.Variable(tf.random_normal([5, 5, 64, 64]))
b2 = tf.Variable(tf.random_normal([64]))
```
应用多于64个窗口
大小5×5的卷积

```
W3 = tf.Variable(tf.random_normal([6*6*64, 1024]))
b3 = tf.Variable(tf.random_normal([1024]))
```
引入全连接层

```
W_out = tf.Variable(tf.random_normal([1024, len(names)]))
b_out = tf.Variable(tf.random_normal([len(names)]))
```
定义全连接线性层的变量

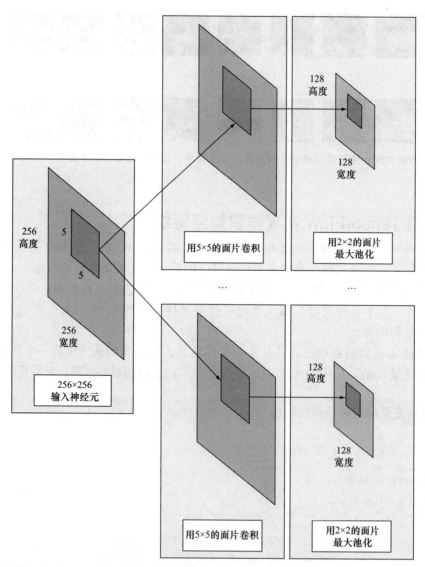

图 9.9 输入图像由多个 5 × 5 过滤器卷积。卷积层包含一个带有激活函数的附加偏置项，从而得到 5 × 5 + 5 = 30 个参数。接下来，最大池化层则用来减少数据的维度（不需要额外的参数）

在代码 9.12 中，我们定义了一个辅助函数来执行卷积，添加一个偏置项，然后添加一个激活函数。这三个步骤共同构成了网络的卷积层。

代码 9.12　创建卷积层

```
def conv_layer(x, W, b):
    conv = tf.nn.conv2d(x, W, strides=[1, 1, 1, 1], padding='SAME')
    conv_with_b = tf.nn.bias_add(conv, b)
    conv_out = tf.nn.relu(conv_with_b)
    return conv_out
```

代码 9.13 显示了如何通过指定核和步长大小来定义最大池化层。

代码 9.13　创建最大池化层

```
def maxpool_layer(conv, k=2):
    return tf.nn.max_pool(conv, ksize=[1, k, k, 1], strides=[1, k, k, 1],
     padding='SAME')
```

可以将卷积层和最大池化层堆叠在一起，以定义卷积神经网络的架构。下面的代码 9.14 定义了一个可能的卷积神经网络模型。最后一层通常只是连接到 10 个输出神经元中每一个的全连接网络。

代码 9.14　完整卷积神经网络模型

```
def model():
    x_reshaped = tf.reshape(x, shape=[-1, 24, 24, 1])

    conv_out1 = conv_layer(x_reshaped, W1, b1)
    maxpool_out1 = maxpool_layer(conv_out1)
    norm1 = tf.nn.lrn(maxpool_out1, 4, bias=1.0, alpha=0.001 / 9.0,
     beta=0.75)

    conv_out2 = conv_layer(norm1, W2, b2)
    norm2 = tf.nn.lrn(conv_out2, 4, bias=1.0, alpha=0.001 / 9.0, beta=0.75)
    maxpool_out2 = maxpool_layer(norm2)

    maxpool_reshaped = tf.reshape(maxpool_out2, [-1,
     W3.get_shape().as_list()[0]])
    local = tf.add(tf.matmul(maxpool_reshaped, W3), b3)
    local_out = tf.nn.relu(local)

    out = tf.add(tf.matmul(local_out, W_out), b_out)
    return out
```

构造第一层的卷积和最大池

构造第二层

构建最后的全连接层

9.4.1　测量性能

神经网络的体系结构经过设计后，下一步是定义一个希望最小化的代价函数。这里将使用 TensorFlow 的 `softmax_cross_entropy_with_logits function` 函数，官方文档对此进行了最好的描述（http://mng.bz/8mEk）。

> [函数 `softmax_cross_entropy_with_logits`] 测量离散分类任务中的概率误差，其中类是互斥的（每个条目恰好在一个类中）。例如，每个 CIFAR-10 图像都标有且只标有一个标签：图像可以是狗或卡车，但不是两者兼有。

因为图像可以属于 10 个可能标签中的 1 个，所以将这个选择表示为 10 维向量。这个向量除了与标签对应的元素值为 1 外，其他元素值都为 0。正如前面章节中所看到的，这种表示被称为**一个热编码**。

如代码 9.15 所示，我们将通过第 4 章中介绍的交叉熵损失函数来计算成本。这会为分类返回错误概率。请注意，这仅适用于简单的分类——其中类是互斥的（例如，卡车不可能是狗）。虽然可以使用许多类型的优化器，但是在这个示例中，让我们继续使用 AdamOptimizer，它是一个简单而快速的优化器（在 http://mng.bz/zW98 中会有详细描述）。在现实世界的应用程序中，讨论这个问题可能是值得的，但是它很有效。

代码 9.15　定义操作来衡量损失和准确性

```
model_op = model()

cost = tf.reduce_mean(                            ← 定义分类损失函数
    tf.nn.softmax_cross_entropy_with_logits(logits=model_op, labels=y)
)

train_op = tf.train.AdamOptimizer(learning_rate=0.001).minimize(cost)   ←┐

correct_pred = tf.equal(tf.argmax(model_op, 1), tf.argmax(y, 1))         │  定义训
accuracy = tf.reduce_mean(tf.cast(correct_pred, tf.float32))            │  练操作
                                                                         │  以最小
                                                                         │  化损失
                                                                         │  函数
```

最后，在下一节中，我们将运行训练操作来最小化神经网络的成本。在整个数据集中多次这样做将学习到最佳权重（或参数）。

9.4.2　训练分类器

在下面的代码 9.16 中，我们将循环使用小批量图像数据集来训练神经网络。随着时间的推移，权重将缓慢收敛到局部最优，从而准确地预测训练图像。

代码 9.16　利用 CIFAR-10 数据集训练神经网络

```
with tf.Session() as sess:
    sess.run(tf.global_variables_initializer())
    onehot_labels = tf.one_hot(labels, len(names), on_value=1., off_value=0.,
    axis=-1)
```

```
onehot_vals = sess.run(onehot_labels)
batch_size = len(data) // 200
print('batch size', batch_size)
for j in range(0, 1000):                          ←── 1000轮循环
    print('EPOCH', j)
    for i in range(0, len(data), batch_size):     ←── 批量训练网络
        batch_data = data[i:i+batch_size, :]
        batch_onehot_vals = onehot_vals[i:i+batch_size, :]
        _, accuracy_val = sess.run([train_op, accuracy], feed_dict={x:
 batch_data, y: batch_onehot_vals})
        if i % 1000 == 0:
            print(i, accuracy_val)
    print('DONE WITH EPOCH')
```

就是这样！我们已经成功地设计出了用来分类图像的卷积神经网络。当心：这可能需要 10min 以上的时间。如果你在 CPU 上运行这个代码，它甚至可能需要几个小时！你能想象在等一天后才发现代码中的 bug 吗？这就正是深度学习研究者要使用强大的计算机和 GPU 来加速计算的原因。

9.5　提高性能的窍门和技巧

本章中开发的卷积神经网络是解决图像分类问题的简单方法，但是在完成第一个工作原型之后，还存在许多技术可以提高性能。

- **扩充数据**：从单个图像中可以很容易地生成新的训练图像。首先，将图像水平或垂直翻转，可以使数据集大小翻两番。还可以调整图像的亮度或色调，以确保神经网络可以推广到其他波动情况。甚至还能在图像中添加随机噪声以使分类器对小的遮挡具有鲁棒性。将图像放大或缩小也可以有所帮助；使训练图像中具有完全相同大小的项可以确保过拟合！

- **早期停止**：在训练神经网络的同时跟踪训练和测试错误。首先，两个错误都会慢慢减少，因为网络正在学习。但有时，测试误差会回升。这是一个信号，表明神经网络已经开始对训练数据进行过拟合，并且无法再将其泛化到以前看不到的输入。发现这种现象时，就应该停止训练。

- **正则化权重**：另一种克服过拟合的方法是在代价函数中添加一个正则化项。在前面的章节中，已经介绍了正则化，同样的概念也适用于这里。

- **随机失活**（Dropout）：TensorFlow 附带了一个方便的 `tf.nn.dropout` 函数，它可以应用于网络的任何层以减少过拟合。它在训练期内关闭该层中随机选择数目的神经元，从而使网络一定是冗余的，并且推断的输出是鲁棒的。

- **更深的体系结构**：通过向神经网络中添加更多的隐层可以形成更深的体系结构。如果有足够的训练数据，那么已经证明添加更多隐层可以提高性能。

练习 9.3
在完成卷积神经网络架构的第一次迭代之后，尝试应用本章中提到的一些技巧。

> **答案**
>
> 　　不幸的是，微调是这个过程的一部分。应该首先调整超参数，并重新训练算法，直到找到表现最好的设置。

9.6　卷积神经网络的应用

卷积神经网络的输入可以包含来自音频或图像的传感器数据。图像是工业上特别感兴趣的东西。例如，当我们在注册一个社交网络时，通常上传的是个人简介照片，而不是带有"您好"的音频录音。看起来人类天生就比较喜欢照片，所以让我们来看看卷积神经网络是如何被用来检测图像中的人脸的。

总体卷积神经网络的架构可以是简单的也可以是复杂的。让我们从简单的开始，逐步调整模型直到满意为止。目前还没有完全正确的途径，因为面部识别问题并没有完全解决。研究人员仍在发表论文以胜过之前的最先进解决方案。

首先，应该获得一个图像数据集。最大的图像数据集之一是 ImageNet（http://image-net.org/）。在这里可以找到二进制分类器的反例。为了获得正面人脸的例子，可以在以下站点中找到大量专门研究人脸的数据集。

- VGG 人脸数据集：www.robots.ox.ac.uk/~vgg/data/vgg_face/。
- 人脸检测数据集和基准（FFDB）：http://vis-www.cs.umass.edu/fddb/。
- 人脸检测和姿态评估数据库：http://mng.bz/25N6。
- YouTube 面部数据库：www.cs.tau.ac.il/~wolf/ytfaces/。

9.7　小结

- 卷积神经网络假设能够通过捕获信号的局部模式来表征神经网络，从而减少神经网络的参数数量。
- 清洗数据对大多数机器学习模型的性能至关重要。与神经网络自己学习清理函数所花费的时间相比，编写清理数据的代码所花费的时间是微不足道的。

第 *10* 章
循环神经网络

本章要点

- 了解循环神经网络的组成
- 设计时间序列数据的预测模型
- 在实际数据中使用时间序列预测器

10.1　语境信息

回到学校，记得有一次期中考试只有判断题，这真能让人松一口气。我不可能是唯一一个认为答案一半是真的，另一半是假的人。

我找出了大部分问题的答案，剩下的则是随机猜测。但这种猜测是基于一些聪明的、你也可能采用过的策略。我数了一下判断正确的答案的数目后，才意识到，错误的答案是不成比例的。所以，我猜测其余的大部分都是错误的以平衡分配。

它奏效了。我当时确实觉得自己很狡猾。到底这是种什么感觉让我们对自己的决定如此自信？我们怎样才能给神经网络同样的力量？

答案之一是用上下文回答问题。上下文线索是提高机器学习算法性能的重要信号。例如，假设你想要检查一个英语句子，并标记每个单词的词性。

幼稚的方法是将每个单词单独分类为名词、形容词等，而不使用其相邻的单词。你可以在这句话的单词上尝试那个技巧。"尝试"（try）这个词可以用作动词，但是根据上下文，也可以用作形容词，这便使词性的标注成为一个难题。

更好的方法考虑上下文。为了给神经网络提供上下文线索，我们将会研究一种称为**循环神经网络**的体系结构。代替自然语言数据，我们将处理连续的时间序列数据，如前面章节中涉及的股票市场价格。在本章的结尾，我们将能够对时间序列数据中的模式进行建模以预测未来的值。

10.2　循环神经网络介绍

为了理解循环神经网络，让我们先来看看图 10.1 中的简单结构。它以向量 $X(t)$ 作为输入，并在某个时刻（t）产生作为向量 $Y(t)$ 的输出。中间的圆圈代表网络的隐层。

我们可以通过足够的输入 / 输出示例来了解 TensorFlow 中的网络参数。例如，让我们将输入权重记为矩阵 W_{in}，将输出权重记为矩阵 W_{out}。假设只有一个隐层，称为向量 $Z(t)$。

如图 10.2 所示，神经网络的前半部分以函数 $Z(t)=X(t) \times W_{in}$ 为特征，而神经网络的后半部分则采用 $Y(t)=Z(t) \times W_{out}$ 的形式。等价地，如果愿意的话，整个神经网络都可以是函数

$$Y(t)=[X(t) \times W_{in}] \times W_{out}$$

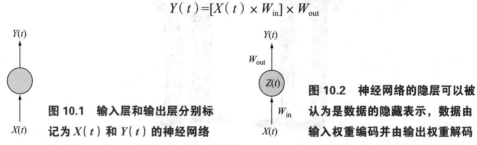

图 10.1　输入层和输出层分别标记为 $X(t)$ 和 $Y(t)$ 的神经网络

图 10.2　神经网络的隐层可以被认为是数据的隐藏表示，数据由输入权重编码并由输出权重解码

在晚上精研网络后，你可能想在真实的场景中开始使用自己所学的模型。通常，这意味着多次调用模型，甚至可能重复调用，如图 10.3 所示。

在每次调用学习模型时，该体系结构都没有考虑关于上一次运行的知识。这就像通过预测当前的数据来预测股市趋势。一个更好的想法是利用一周或一个月内的数据。

循环神经网络（Recurrent Neural Network，RNN）不同于传统的神经网络，因为它引入了一个转移权重 W 来随时间传递信息。图 10.4 显示了必须在循环神经网络中学习的三个权重矩阵。转换权重的引入意味着下一个状态现在取决于上一个模型以及上一个状态。这意味着模型现在可以"记忆"它都做了什么！

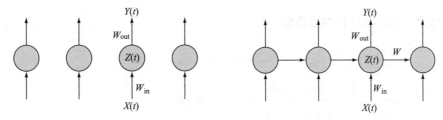

图 10.3　通常你会最终多次运行相同的神经网络，而不是使用关于先前运行的隐状态的知识

图 10.4　循环神经网络结构可以利用网络的先前状态来发挥其优势

让我们马上开始吧！接下来的部分展示了如何使用 TensorFlow 的内置循环神经网络模型。然后，我们将使用循环神经网络通过真实世界的时间序列数据来预测未来！

10.3　循环神经网络的实现

在实现循环神经网络时，将使用 TensorFlow 来完成大量的繁重工作。不需要手动构建网络，如图 10.4 所示，因为 TensorFlow 库已经支持一些健壮的循环神经网络模型。

　　注意　关于循环神经网络的 TensorFlow 库信息请参阅 www.tensorflow.org/tutorials/recurrent。

有一种被称为长短期记忆（Long Short-Term Memory，LSTM）的循环神经网络模型。这是个有趣的名字，因为它听起来好像：从长远来看，短期模式不会被遗忘。

长短期记忆的具体实现细节超出了本书的范围。相信我，对长短期记忆模型的彻底研究会偏离本章，因为它还没有明确的标准。这就是需要 TensorFlow 来帮忙的原因。它关心如何定义模型，以便你可以使用它。它还意味着，随着 TensorFlow 在未来得到更新，我们将能够直接利用对长短期记忆模型的改进而不需要修改代码。

　　提示　了解如何从零开始执行 LSTM，建议使用下面的解释：https://apaszke.github.io/lstm-explained.html。下面代码中所使用的正则化实现文件可在 http://arxiv.org/abs/1409.2329 中找到。

首先，在一个名为"simple_regression.py"的新文件中编写代码。导入相关的库，如下面的代码 10.1 所示。

代码 10.1 导入相关的库

```
import numpy as np
import tensorflow as tf
from tensorflow.contrib import rnn
```

现在，定义一个名为 SeriesPredictor 的类。如下面代码 10.2 所示，构造函数将建立模型超参数、权重和代价函数。

代码 10.2 定义类及其构造函数

```
class SeriesPredictor:
    def __init__(self, input_dim, seq_size, hidden_dim=10):

        self.input_dim = input_dim
        self.seq_size = seq_size
        self.hidden_dim = hidden_dim

        self.W_out = tf.Variable(tf.random_normal([hidden_dim, 1]),
          name='W_out')
        self.b_out = tf.Variable(tf.random_normal([1]), name='b_out')
        self.x = tf.placeholder(tf.float32, [None, seq_size, input_dim])
        self.y = tf.placeholder(tf.float32, [None, seq_size])

        self.cost = tf.reduce_mean(tf.square(self.model() - self.y))
        self.train_op = tf.train.AdamOptimizer().minimize(self.cost)

        self.saver = tf.train.Saver()
```

超参数

权重变量和输入占位符

成本优化器

辅助操作

接下来，让我们使用 TensorFlow 中的内置循环神经网络模型，它被称为 BasicLSTMCell。传递给 BasicLSTMCell 对象的单元的隐藏维度是通过时间传递的隐藏状态的维度。可以使用 rnn.dynamic_rnn 函数通过数据来运行此单元，以检索输出结果。下面的代码 10.3 详细说明了如何通过 TensorFlow 来实现使用长短期记忆的预测模型。

代码 10.3 定义循环神经网络模型

```
    def model(self):
        """
        :param x: inputs of size [T, batch_size, input_size]
        :param W: matrix of fully-connected output layer weights
        :param b: vector of fully-connected output layer biases
        """

        cell = rnn.BasicLSTMCell(self.hidden_dim)
        outputs, states = tf.nn.dynamic_rnn(cell, self.x, dtype=tf.float32)
        num_examples = tf.shape(self.x)[0]
        W_repeated = tf.tile(tf.expand_dims(self.W_out, 0), [num_examples, 1, 1])
        out = tf.matmul(outputs, W_repeated) + self.b_out
        out = tf.squeeze(out)
        return out
```

将输出层计算为全连接线性函数

在输入层上运行单元以获得输出和状态的张量

创建一个长短期记忆单元

通过定义模型和代价函数，现在可以实现训练函数，该函数将学习给定示例输入 / 输出对的长短期记忆权重。如代码 10.4 所示，打开一个会话，并在训练数据上重复运行优化器。

注意　可以通过交叉验证来确定需要多少次迭代来训练模型。在这种情况下，假设一个固定的轮数。一些好的见解和答案可以通过在线问答网站找到，如 ResearchGate : http://mng.bz/lB92。

训练后，要将模型保存到文件中，以便以后加载。

代码 10.4　在数据集上训练模型

```
def train(self, train_x, train_y):
    with tf.Session() as sess:
        tf.get_variable_scope().reuse_variables()
        sess.run(tf.global_variables_initializer())
        for i in range(1000):                                  ← 运行训练操作1000次
            _, mse = sess.run([self.train_op, self.cost],
 feed_dict={self.x: train_x, self.y: train_y})
            if i % 100 == 0:
                print(i, mse)
        save_path = self.saver.save(sess, 'model.ckpt')
        print('Model saved to {}'.format(save_path))
```

假设一切顺利的话，这个模型应该已经成功地学习了参数。接下来，我们希望通过其他数据来评估预测模型。下面的代码 10.5 加载了保存的模型，并通过输入测试数据在会话中运行模型。如果学习模型在测试数据上表现不佳，可以尝试调整长短期记忆单元的隐藏维数。

代码 10.5　测试学到的模型

```
def test(self, test_x):
    with tf.Session() as sess:
        tf.get_variable_scope().reuse_variables()
        self.saver.restore(sess, './model.ckpt')
        output = sess.run(self.model(), feed_dict={self.x: test_x})
        print(output)
```

完成了！但是，为了说服自己它是有效的，让我们虚构一些数据，并尝试训练预测模型。在代码 10.6 中，我们将会创建输入序列 train_x 和相应的输出序列 train_y。

代码 10.6　哑数据的训练和测试

```
if __name__ == '__main__':
    predictor = SeriesPredictor(input_dim=1, seq_size=4, hidden_dim=10)
    train_x = [[[1], [2], [5], [6]],
               [[5], [7], [7], [8]],
               [[3], [4], [5], [7]]]
```

```
train_y = [[1, 3, 7, 11],
           [5, 12, 14, 15],
           [3, 7, 9, 12]]
predictor.train(train_x, train_y)

test_x = [[[1], [2], [3], [4]],
          [[4], [5], [6], [7]]]
predictor.test(test_x)
```

预测结果应为1,3,5,7

预测结果应为4,9,11,13

可以把这个预测模型当作一个黑盒，并通过现实世界的时间序列数据对其进行训练。在下一节中，我们将获得与之相关的数据。

10.4　时间序列数据的预测模型

时间序列数据是大量在线可用的。在这个例子中，会用到国际航空公司乘客的数据。你可以从 http://mng.bz/5UWL 获得此数据。如图 10.5 所示，这是一个与时间序列数据有关的很好的例子。

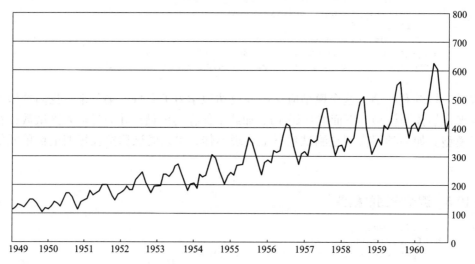

图 10.5　显示多年来国际航空旅客人数的原始数据

可以通过单击 Export 选项卡，然后在 Export 组中选择 CSV 来下载数据。你必须手动编辑 CSV 文件以删除标题行以及额外的页脚行。

在一个名为 "data_loader.py" 的文件中，添加下面的代码 10.7。

代码 10.7　加载数据

```
import csv
import numpy as np
import matplotlib.pyplot as plt
```

```
def load_series(filename, series_idx=1):
    try:
        with open(filename) as csvfile:
            csvreader = csv.reader(csvfile)

            data = [float(row[series_idx]) for row in csvreader
                                    if len(row) > 0]
            normalized_data = (data - np.mean(data)) / np.std(data)
        return normalized_data
    except IOError:
        return None

def split_data(data, percent_train=0.80):
    num_rows = len(data) * percent_train
    return data[:num_rows], data[num_rows:]
```

通过文件行循环，并转换为浮点数

计算训练数据样本

将数据集分割成训练集和测试集

通过取平均值再除以标准差的方式对数据进行预处理

其中，定义了两个函数：load_series 和 split_data。第一个函数将时间序列文件加载到磁盘上并对其进行规一化，另一个函数则将数据集分成两个部分，用于训练和测试。

因为要多次评估模型以预测未来的值，所以让我们修改 SeriesPredictor 中的测试函数。它现在以会话为参数，而不是在每次调用时初始化会话。有关此调整，请参阅以下代码 10.8。

代码 10.8　修改测试函数以在会话中传递

```
def test(self, sess, test_x):
    tf.get_variable_scope().reuse_variables()
    self.saver.restore(sess, './model.ckpt')
    output = sess.run(self.model(), feed_dict={self.x: test_x})
    return output
```

现在可以通过可接受的格式来加载数据并训练预测器。代码 10.9 显示了如何训练网络，然后使用经过训练的模型预测未来值。这里将会生成训练数据（train_x 和 train_y）看起来与前面的代码 10.6 中显示的一样。

代码 10.9　生成训练数据

```
if __name__ == '__main__':
    seq_size = 5
    predictor = SeriesPredictor(
        input_dim=1,
        seq_size=seq_size,
        hidden_dim=100)
```

循环神经网络隐藏维数的大小

序列中每个元素的维度是一维(标量)

每个序列的长度

加载
数据

```
data = data_loader.load_series('international-airline-passengers.csv')
train_data, actual_vals = data_loader.split_data(data)


train_x, train_y = [], []
for i in range(len(train_data) - seq_size - 1):
    train_x.append(np.expand_dims(train_data[i:i+seq_size],
axis=1).tolist())
    train_y.append(train_data[i+1:i+seq_size+1])


test_x, test_y = [], []
for i in range(len(actual_vals) - seq_size - 1):
    test_x.append(np.expand_dims(actual_vals[i:i+seq_size],
axis=1).tolist())
    test_y.append(actual_vals[i+1:i+seq_size+1])
```

通过时
间序列
数据滑
动窗口
构造训
练数据
集

使用相
同的窗
口滑动
策略构
造测试
数据集

在训
练集
上训
练模
型

```
predictor.train(train_x, train_y, test_x, test_y)


with tf.Session() as sess:
    predicted_vals = predictor.test(sess, test_x)[:,0]
    print('predicted_vals', np.shape(predicted_vals))
    plot_results(train_data, predicted_vals, actual_vals,
'predictions.png')


    prev_seq = train_x[-1]
    predicted_vals = []
    for i in range(20):
        next_seq = predictor.test(sess, [prev_seq])
        predicted_vals.append(next_seq[-1])
        prev_seq = np.vstack((prev_seq[1:], next_seq[-1]))
    plot_results(train_data, predicted_vals, actual_vals,
'hallucinations.png')
```

可视
化模
型性
能

　　预测器生成两个图。第一个是在给出真实值的情况下模型的预测结果，如图 10.6 所示。
另一个图显示了只给出训练数据（实线）而没有给出其他数据时的预测结果（参见
图 10.7）。此过程的可用信息较少，但是它仍然很好地匹配了数据的趋势。

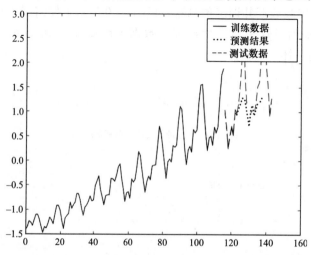

图 10.6　当对真实数据进行
测试时，预测结果与趋势相
当吻合

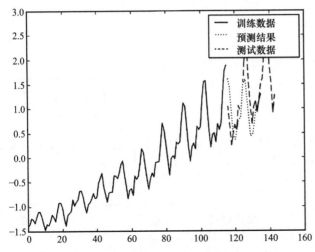

图 10.7　如果算法使用先前的预测结果进行进一步预测，那么总体趋势匹配良好，但没有了特定的凸起

你可以使用时间序列预测来重现数据中的真实波动。想象一下，基于迄今为止所学到的工具来预测市场的繁荣和萧条周期。还在等什么呢？抓取一些市场数据，学习你自己的预测模型吧！

10.5　循环神经网络的应用

循环神经网络应该与顺序数据一起使用。因为音频信号的维数比视频低（分别对应线性信号与二维像素阵列），所以从音频时间序列数据开始要容易得多。想想这些年来语音识别技术已经取得了多大的进步，它正在成为一个容易处理的问题！

就像我们在第 5 章中对音频数据进行聚类的音频直方图所做的分析一样，大多数语音识别预处理包括将声音表示成各种色图。具体地说，一种常见的技术是使用称为**频率倒谱系数**（Mel-Frequency Cepstral Coefficients，MFCCs）的特性。在 http://mng.bz/411F 的博客文章中有一篇十分好的介绍。

接下来，我们需要一个数据集来训练模型。一些流行的内容如下。

- LibriSpeech: www.openslr.org/12。
- TED-LIUM: www.openslr.org/7。
- VoxForge: www.voxforge.org。

使用这些数据集在 TensorFlow 中实现简单语音识别的演练可在以下网站获得：https://svds.com/tensorflow-rnn-tutorial。

10.6　小结

- 循环神经网络使用的是过去的信息。这样，它就可以通过具有高时间依赖性的数据进行预测。
- TensorFlow 带有可用的循环神经网络模型。
- 由于数据的时间依赖性，时间序列预测是循环神经网络的有用应用。

第 *11* 章
聊天机器人的序列到序列模型

本章要点
- 序列到序列结构
- 词向量嵌入
- 利用真实世界的数据实现聊天机器人

通过电话和客户交谈已经成为客户和公司的负担。服务提供商花了一大笔钱雇用这些客户服务代表，但是如果可以自动化大部分工作呢？我们可以开发软件通过自然语言与客户进行交互吗？

这个想法并不像你想象的那么牵强。由于使用深度学习技术的自然语言处理的空前发展，聊天机器人得到了大量宣传。也许，有了足够多的训练数据，聊天机器人就可以学会通过自然对话来导航最常处理的客户问题。如果聊天机器人真的有效率，那么它不仅可以通过免去雇用代表来为公司省下一笔钱，而且甚至可以加快客户寻找答案的速度。

在本章中，我们将通过向神经网络提供数千个输入和输出语句的例子来构建聊天机器人。这里的训练数据集是一对英语表达，例如，如果你问 "How are you?"，则聊天机器人应该做出响应 "Fine, thank you"

> **注意**　在本章中，我们将**序列**和**句子**看作两个可互换的概念。而在我们的实现过程中，句子将是一个字母序列。另一种常见的方法是将句子表示为单词序列。

实际上，该算法将尝试产生对每个自然语言查询的智能自然语言响应。我们将实现一个神经网络，它会用到前面章节中学到的两个主要概念：多类分类和循环神经网络。

11.1　分类与循环神经网络

记住，**分类**是一种用来预测输入数据项的类别的机器学习方法。此外，多类允许两个以上的类。我们在第 4 章中看到了如何在 TensorFlow 中实现这样的算法。具体地说，模型的预测（一串数字）和真实值（独热向量）之间的代价函数试图通过使用交叉熵损失来寻找两个序列之间的距离。

> **练习 11.1**
> 在 TensorFlow 中，可以使用交叉熵损失函数来测量独热向量 [如 (1, 0, 0)] 和神经网络的输出 [如 (2.34, 0.1, 0.3)] 之间的相似性。另一方面，英语句子不是数字向量。该如何利用交叉熵损失来度量英语句子之间的相似性？
> **答案**
> 粗略的方法是通过计算句子中每个词的频率将每个句子表示为向量。然后比较向量，看看它们的匹配程度。

在这种情况下想实现聊天机器人，就要使用交叉熵损失的变体来测量两个序列之间的差异：模型的响应（这是一个序列）与真实值（也是一个序列）的对比。

你可能还记得，循环神经网络是一种神经网络设计，它不仅包含来自当前时间步长的输入，还包含来自先前输入的状态信息。第 10 章非常详细地介绍了它们，它们将在本章中再次被使用。循环神经网络将输入和输出表示为时间序列数据，这正是表示序列所需的。

一个朴素的想法是使用一个开箱即用的循环神经网络来实现聊天机器人。让我们来看看为什么这是一个糟糕的方法。循环神经网络的输入和输出都是自然语言语句，因此输入（x_t，x_{t-1}，x_{t-2}，…）和输出（y_t，y_{t-1}，y_{t-2}，…）可以是单词序列。使用循环神经网络对会话进行建模的问题是如何利用循环神经网络立即产生输出结果。如果输入是单词序列（how，are，you），则第一个输出单词将仅取决于第一个输入单词。循环神经网络的输出序列项 y_t 不能通过预测输入语句的未知部分做出决策；它将仅受限于先前输入序列（x_t，x_{t-1}，x_{t-2}，…）的知识。单纯的循环神经网络模型试图在用户完成询问之前给出对查询的响应，但这可能导致错误的结果。

相反，我们最终将使用两个循环神经网络：一个用于输入语句，另一个用于输出序列。当输入序列被第一个循环神经网络处理完后，它将把隐藏状态发送给第二个循环神经网络来处理输出语句。我们可以在图 11.1 中看到两个标记为编码器和解码器的循环神经网络。

序列到序列模型框架

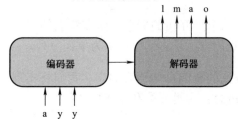

图 11.1　神经网络模型的高级视图。输入"ayy"被传递到循环神经网络的编码器，循环神经网络解码器期望用"lamo"进行响应。这些只是聊天机器人的示例，但是可以想象输入和输出更为复杂的句子对

我们将前几章的多类分类和循环神经网络概念引入到神经网络设计中，该神经网络学习将输入序列映射到输出序列。循环神经网络提供对输入句子进行编码，并将摘要状态向量传递给解码器，然后将其解码为响应句子的方法。为了测量模型的响应与真实值间的差异，我们寻找用于多类分类的函数（交叉熵损失）以获得灵感。

这种体系结构被称为**序列到序列**（seq2seq）**神经网络体系**。我们所使用的训练数据将是从电影脚本中挖掘出来的成千个句对。算法将观察并学习这些对话示例，从而对询问的任意查询形成响应。

练习 11.2

其他行业可以从聊天机器人中获益吗？

答案

一个例子是青年学生的对话伙伴，作为教授诸如英语、数学，甚至是计算机科学等各种学科的教学工具。

在本章的末尾，我们将拥有自己的聊天机器人，它可以稍微智能地响应相应的查询。它不会是完美的，因为对于相同的输入查询，这个模型总是以相同的方式响应。

例如，假设你在国外旅游时没有任何语言能力。一个聪明的推销员递给你一本书，声称只要你用外语回答句子就可以了。你应该像字典一样使用它。当某人用外语说出一个短语时，你可以查阅它，然后这本书就会写出回应让你大声朗读："如果有人对你说 Hello，你就回答 Hi."

当然，它可能是一个实用的闲聊查找表，但是查找表是否可以为任意对话提供正确的响应？当然不是！考虑一下这个问题："Are you hungry?"这个问题的答案就印在书上，永远不会改变。

　　查找表缺少状态信息，但这却是对话中的一个重要组成部分。在序列到序列模型中，我们会遇到类似问题，但这是一个好的开始！信不信由你，在 2017 年，智能对话的分层状态表示仍然不是标准；许多聊天机器人还是从这些序列到序列模型起步的。

11.2　序列到序列模型架构

　　序列到序列模型试图学习从输入序列预测输出序列的神经网络。序列与传统向量稍有不同，因为序列意味着事件的顺序。

　　时间是安排事件的一种直观方式：我们通常提及与时间相关的词语，比如**时间**、**时间序列**、**过去和未来**。例如，我们喜欢说循环神经网络将信息传播到**未来的时间**步长。或者，循环神经网络捕获**时间依赖关系**。

　　注意　循环神经网络已经在第 10 章中详细介绍过。

　　序列到序列模型是使用多个循环神经网络实现的。图 11.2 中描述了单个循环神经网络单元，在这里它可以作为序列到序列模型体系结构的构建块。

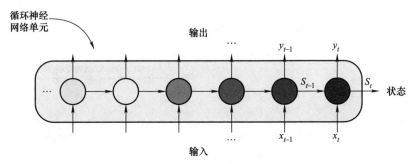

图 11.2　循环神经网络的输入、输出和状态。可以忽略精确循环神经网络实现的错综复杂。重要的是格式化输入和输出

　　首先，学习如何堆叠循环神经网络，以提高模型复杂性。然后，学习如何将一个循环神经网络的隐藏状态传输到另一个循环神经网络，以便可以拥有一个"编码器"和"解码器"网络。正如我们将看到的，开始使用循环神经网络相当容易。

　　之后，我们将了解如何将自然语言中的句子转换为向量序列。毕竟，循环神经网络只能理解数字形式的数据，所以我们绝对需要这个转换过程。因为**序列**是表示"张量列表"的另一种方式，所以需要确保可以相应地转换数据。例如，一个句子是一个单词序列，但单词不是张量。将单词转换成张量或更常用向量的过程称为**嵌入**。

　　最后，我们将把所有这些概念结合起来，在真实世界的数据上实现序列到序列模型。这些数据来自于电影脚本中的数千次对话。

　　我们可以从下面的代码 11.1 来展开。打开一个新的 Python 文件，并开始复制代码 11.1

以设置常量和占位符。把占位符的形状定义为 `[None, seq_size, input_dim]`，其中 `None` 表示大小是动态的，因为批量大小可能会改变，`seq_size` 是序列的长度，`input_dim` 是每个序列项的维度。

代码 11.1   设置常量和占位符

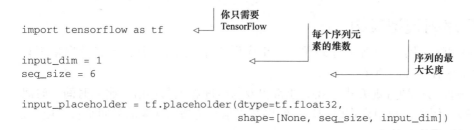

```python
import tensorflow as tf

input_dim = 1
seq_size = 6

input_placeholder = tf.placeholder(dtype=tf.float32,
                                   shape=[None, seq_size, input_dim])
```

为了生成一个如图 11.2 所示的循环神经网络单元，TensorFlow 提供了一个有用的 `LSTMCell` 类。代码 11.2 显示了如何使用它并从单元格中提取输出和状态。为了方便，代码定义了一个名为 `make_cell` 的辅助函数，用来设置循环神经网络单元。记住，仅仅定义一个单元格是不够的，还需要调用其上的 `tf.nn.dynamic_rnn` 来设置网络。

代码 11.2   生成一个简单的循环神经网络单元

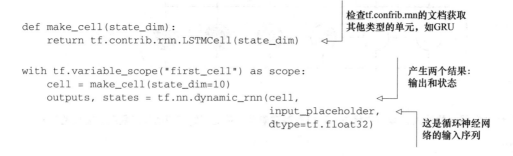

```python
def make_cell(state_dim):
    return tf.contrib.rnn.LSTMCell(state_dim)

with tf.variable_scope("first_cell") as scope:
    cell = make_cell(state_dim=10)
    outputs, states = tf.nn.dynamic_rnn(cell,
                                        input_placeholder,
                                        dtype=tf.float32)
```

你可能还记得，可以通过增加越来越多的隐层来改善神经网络的复杂性。更多层意味着更多参数，这可能意味着模型可以代表更多功能，而且也会更灵活。

我们可以将单元格堆叠在顶部。这样做会使模型更加复杂，所以这个两层的循环神经网络模型可能会表现得更好，因为它更具表现力。图 11.3 显示了两个堆叠在一起的单元。

警告   模型越灵活，越有可能对训练数据过拟合。

在 TensorFlow 中，可以直观地实现这两层循环神经网络网络。首先，为第二个单元格创建一个新的变量范围。若要堆叠循环神经网络，则可以将第一个单元格输出到第二个单元格的输入。下面的代码 11.3 显示了如何做到这一点。

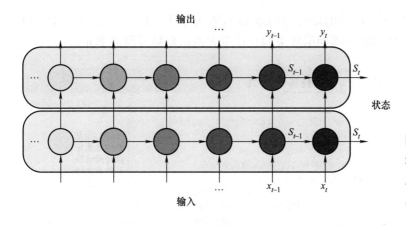

图 11.3　可以通过堆叠循环神经网络单元来形成更为复杂的体系结构

代码 11.3　堆叠两个循环神经网络单元

定义变量范围有助于避免由于变量重用而导致的运行时错误

```
with tf.variable_scope("second_cell") as scope:
    cell2 = make_cell(state_dim=10)
    outputs2, states2 = tf.nn.dynamic_rnn(cell2,
                                          outputs,
                                          dtype=tf.float32)
```

这个单元的输入将是另一个单元的输出

如果想要 4 层或者 10 层的循环神经网络呢？例如，图 11.4 显示了堆叠在彼此之上的 4 个循环神经网络单元。

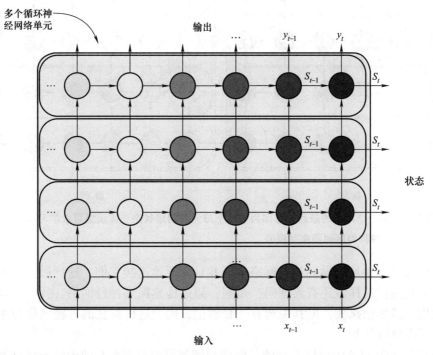

图 11.4　TensorFlow 允许根据需要来堆叠多个循环神经网络单元

有一种对 TensorFlow 库提供的单元进行堆叠的快捷方式，称为 MultiRNNCell。下面的代码 11.4 说明如何使用这个辅助函数来构建任意大的循环神经网络单元。

代码 11.4   使用 MultiRNNCell 堆叠多个单元

```
def make_multi_cell(state_dim, num_layers):
    cells = [make_cell(state_dim) for _ in range(num_layers)]    ◁   for循环语法
    return tf.contrib.rnn.MultiRNNCell(cells)                         是构建循环
                                                                      神经网络单
multi_cell = make_multi_cell(state_dim=10, num_layers=4)              元格列表的
outputs4, states4 = tf.nn.dynamic_rnn(multi_cell,                     首选方法
                                      input_placeholder,
                                      dtype=tf.float32)
```

到目前为止，我们已经通过将一个单元的输出连接到另一个单元的输入来垂直地生长出多个循环神经网络。在序列到序列模型中，我们希望一个循环神经网络单元处理输入语句，而另一个循环神经网络单元处理输出语句。为了在两个单元之间进行通信，可以通过单元之间的状态水平地连接起循环神经网络，如图 11.5 所示。

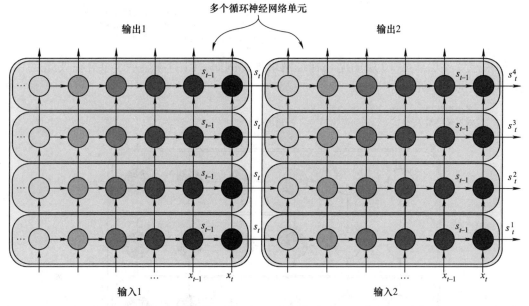

图 11.5   可以使用第一个单元的最后状态作为下一个单元的初始状态。该模型可以学习从输入序列到输出序列的映射。该模型被称为序列到序列模型

我们已经垂直地堆叠循环神经网络单元并且水平地连接它们，这样做极大地增加了网络中的参数数量！这样做还有天理吗？是啊，通过构建循环神经网络，我们已经建立了一个整体架构。虽然很疯狂，但其中却有一套理论，因为这种疯狂的神经网络体系结构正是序列到序列模型的主干。

正如我们在图 11.5 中可以看到的，序列到序列模型看起来有两个输入序列和两个输出

序列。但是，只有输入 1 将被用于输入句子，并且只有输出 2 将被用于输出句子。

有人可能想知道如何处理其他两个序列。奇怪的是，输出 1 的序列完全不被序列到序列模型所使用。而且正如我们将看到的，在反馈回路中输入 2 的序列使用的是一些输出 2 中的数据。

设计聊天机器人时的训练数据是一对输入和输出语句，因此我们需要更好地理解如何将单词嵌入到张量中。下一节介绍了在 TensorFlow 中如何实现它。

练习 11.3

句子可以用字符或单词的序列来表示，但是你还能想到其他的句子顺序表示吗？

答案

短语和语法信息（动词、名词等）都可以使用。更常见的是，真正的应用程序使用自然语言处理（Natural Language Processing，NLP）查找来标准化单词形式、拼写和意义。一个例子是来自 Facebook 的 fastText（https://github.com/facebookresearch/fastText）。

11.3　符号的向量表示

单词和字母都是符号，在 TensorFlow 将符号转换为数值是很容易实现的。例如，假设在词汇表中有四个单词：$word_0$: the；$word_1$: fight；$word_2$: wind；$word_3$: like。

假设想找到句子 "Fight the wind" 的嵌入，符号 "fight" 位于查找表的索引 1，"the" 位于索引 0，"wind" 位于索引 2。如果要查找单词 "fight" 的嵌入，必须参考它的索引即 1，并查阅索引 1 的查找表以识别嵌入值。在我们的第一个例子中，每个单词都与一个数字相关联，如图 11.6 所示。

下面的代码 11.5 显示了如何使用 TensorFlow 代码来定义符号和数值间的这种映射。

单词	数字
the	17
fight	22
wind	35
like	51

图 11.6　从符号到标量的映射

代码 11.5　定义标量查找表

```
embeddings_0d = tf.constant([17, 22, 35, 51])
```

如图 11.7 所示，单词也可以与向量相关联。这往往是表示单词的首选方法。可以在 TensorFlow 的官方文档中找到关于单词向量表示的完整教程：http://mng.bz/35M8。

我们可以在 TensorFlow 中实现单词和向量间的映射，如下面的代码 11.6 所示。

单词	向量
the	[1, 0, 0, 0]
fight	[0, 1, 0, 0]
wind	[0, 0, 1, 0]
like	[0, 0, 0, 1]

图 11.7　从符号到向量的映射

代码 11.6   定义 4 维向量的查找表

```
embeddings_4d = tf.constant([[1, 0, 0, 0],
                             [0, 1, 0, 0],
                             [0, 0, 1, 0],
                             [0, 0, 0, 1]])
```

单词	张量
the	[[1, 0], [0, 0]]
fight	[[0, 1], [0, 0]]
wind	[[0, 0], [1, 0]]
like	[[0, 0], [0, 1]]

这看起来有些夸张，但是可以用任意秩的张量来表示符号，而不仅仅是数字（秩 0）或向量（秩 1）。如图 11.8 所示，符号被映射为秩为 2 的张量。

下面的代码 11.7 说明如何在 TensorFlow 中实现单词到张量的映射。

图 11.8   从符号到张量的映射

代码 11.7   定义张量的查找表

```
embeddings_2x2d = tf.constant([[[1, 0], [0, 0]],
                               [[0, 1], [0, 0]],
                               [[0, 0], [1, 0]],
                               [[0, 0], [0, 1]]])
```

TensorFlow 提供的 embedding_lookup 函数是一种通过索引来访问嵌入的优化方式，如下面的代码 11.8 所示。

代码 11.8   查找嵌入

```
ids = tf.constant([1, 0, 2])
lookup_0d = sess.run(tf.nn.embedding_lookup(embeddings_0d, ids))
print(lookup_0d)

lookup_4d = sess.run(tf.nn.embedding_lookup(embeddings_4d, ids))
print(lookup_4d)

lookup_2x2d = sess.run(tf.nn.embedding_lookup(embeddings_2x2d, ids))
print(lookup_2x2d)
```

对应于单词fight、the和wind的嵌入查找

实际上，嵌入矩阵并不是必须硬编码的内容。这些代码的作用是让我们了解 TensorFlow 中 embedding_lookup 函数的详细内容，因为我们很快就会大量使用它。通过训练神经网络，嵌入查找表将会随时自动地进行学习。首先，定义一个随机的、正态分布的查找表。然后，TensorFlow 中的优化器将调整矩阵值以最小化代价。

练习 11.4
按照官方的 TensorFlow word2vec 教程来熟悉嵌入：www.tensorflow.org/tutorials/word2vec。
答案
本教程将教你使用 TensorBoard 中的可视化嵌入。

11.4　把所有都放到一起

使用神经网络中的自然语言输入的第一步是决定符号和整数索引之间的映射。表示句子的两种常用方法是**字母**顺序或**单词**序列。为了简单起见，假设正在处理字母序列，因此需要在字符和整数索引之间建立映射。

注意　官方代码库可在本书英文版的网站（www.manning.com/books/machine-learning-with-tensorflow）和 GitHub (http://mng.bz/EB5A) 上获得。在那里，我们不必从书中复制和粘贴就可以运行代码。

下面的代码 11.9 说明如何在整数和字符之间建立映射。如果向该函数提供字符串列表，它将生成两个字典来表示映射。

代码 11.9　提取字符词典

```
def extract_character_vocab(data):
    special_symbols = ['<PAD>', '<UNK>', '<GO>', '<EOS>']
    set_symbols = set([character for line in data for character in line])
    all_symbols = special_symbols + list(set_symbols)
    int_to_symbol = {word_i: word
                        for word_i, word in enumerate(all_symbols)}
    symbol_to_int = {word: word_i
                        for word_i, word in int_to_symbol.items()}

    return int_to_symbol, symbol_to_int

input_sentences = ['hello stranger', 'bye bye']          ⟵  训练输入
output_sentences = ['hiya', 'later alligator']           ⟵      语句列表

                                                             训练输出
input_int_to_symbol, input_symbol_to_int =                   语句列表
    extract_character_vocab(input_sentences)

output_int_to_symbol, output_symbol_to_int =
    extract_character_vocab(output_sentences
```

接下来，我们将在代码 11.10 中定义所有的超参数和常量。这些通常是可以通过试错法手动调整的值。通常，较大的维数或层数将会导致更复杂的模型，在拥有大数据、快速处理能力和大量时间的情况下，这将是值得的。

代码 11.10　定义超参数

```
                   轮数      循环神经网络          循环神经网络
                             的隐藏维数            的叠层单元数
NUM_EPOCS = 300          ⟵
RNN_STATE_DIM = 512     ⟵
RNN_NUM_LAYERS = 2      ⟵
ENCODER_EMBEDDING_DIM = DECODER_EMBEDDING_DIM = 64   ⟵
                                                        编码器和解码器序列
BATCH_SIZE = int(32)                                    元素的嵌入维数
LEARNING_RATE = 0.0003
```

```
INPUT_NUM_VOCAB = len(input_symbol_to_int)
OUTPUT_NUM_VOCAB = len(output_symbol_to_int)
```
◁— 批处理大小

在编码器和解码器
间可以有不同词汇

接下来我们列出所有占位符。如代码 11.11 所示，占位符很好地组织了训练网络所需的输入和输出序列。必须跟踪序列和它们长度。对于解码器部分，还需要计算最大序列长度。这些占位符形状的 None 值意味着张量在该维度中可能具有任意大小。例如，批处理大小可以在每次运行中变化。但为了简单起见，将始终保持批处理大小相同。

代码 11.11 列出占位符

```
# Encoder placeholders
encoder_input_seq = tf.placeholder(
    tf.int32,
    [None, None],
    name='encoder_input_seq'
)

encoder_seq_len = tf.placeholder(
    tf.int32,
    (None,),
    name='encoder_seq_len'
)

# Decoder placeholders
decoder_output_seq = tf.placeholder(
    tf.int32,
    [None, None],
    name='decoder_output_seq'
)

decoder_seq_len = tf.placeholder(
    tf.int32,
    (None,),
    name='decoder_seq_len'
)

max_decoder_seq_len = tf.reduce_max(
    decoder_seq_len,
    name='max_decoder_seq_len'
)
```

◁— 编码器输入的整数序列

◁— 形状是批处理大小×序列长度

◁— 成批序列的长度

◁— 形状是动态的，因为序列的长度可以改变

◁— 解码器输出的整数序列

◁— 形状是批处理大小×序列长度

◁— 成批序列的长度

◁— 形状是动态的，因为序列的长度可以改变

◁— 批处理中解码器序列的最大长度

让我们定义辅助函数来构造循环神经网络单元。这些函数如下面的代码 11.12 所示。

代码 11.12　构建循环神经网络单元的辅助函数

```
def make_cell(state_dim):
    lstm_initializer = tf.random_uniform_initializer(-0.1, 0.1)
    return tf.con trib.rnn.LSTMCell(state_dim, initializer=lstm_initializer)

def make_multi_cell(state_dim, num_layers):
    cells = [make_cell(state_dim) for _ in range(num_layers)]
    return tf.contrib.rnn.MultiRNNCell(cells)
```

利用刚刚定义的辅助函数，我们将构建编码器和解码器的循环神经网络单元。作为提醒，我们在图 11.9 中复制了序列到序列模型，以可视化编码器和解码器的循环神经网络。

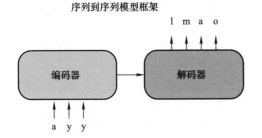

序列到序列模型框架

图 11.9　序列到序列模型通过使用循环神经网络的编码器和解码器来学习输入序列到输出序列之间的转换

我们首先讨论编码器单元，因为在代码 11.13 中将会构建编码器单元。循环神经网络编码器的产生状态将存储在一个称为 encoder_state 的变量中。循环神经网络也会产生一个输出序列，但是并不需要在标准的序列到序列模型中访问它，所以可以忽略它或删除它。

在向量表示中转换字母或单词也很常见，通常称为**嵌入**。TensorFlow 提供了一个名为 embed_sequence 的便捷函数，它可以用来嵌入符号的整数表示。图 11.10 显示了编码器输入是如何从查找表接收数值的。我们也可以在代码 11.13 的开始操作中看到它。

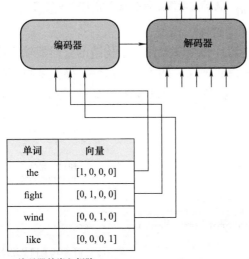

单词	向量
the	[1, 0, 0, 0]
fight	[0, 1, 0, 0]
wind	[0, 0, 1, 0]
like	[0, 0, 0, 1]

编码器的嵌入矩阵

图 11.10　循环神经网络只接收数值序列作为输入或输出，所以需要把符号转换为向量。在这种情况下，符号是单词，例如 the、fight、wind 和 like 等。它们的对应向量被关联到嵌入矩阵中

代码 11.13　编码器嵌入和单元

```
# Encoder embedding

encoder_input_embedded = tf.contrib.layers.embed_sequence(
    encoder_input_seq,
    INPUT_NUM_VOCAB,
    ENCODER_EMBEDDING_DIM
)


# Encoder output

encoder_multi_cell = make_multi_cell(RNN_STATE_DIM, RNN_NUM_LAYERS)

encoder_output, encoder_state = tf.nn.dynamic_rnn(
    encoder_multi_cell,
    encoder_input_embedded,
    sequence_length=encoder_seq_len,
    dtype=tf.float32
)

del(encoder_output)
```

（标注）数字输入序列(行索引)

（标注）嵌入矩阵的行

（标注）嵌入矩阵的列

（标注）可以忽略这个值

循环神经网络解码器的输出是表示自然语言语句的数值序列和一个表示序列结束的特殊符号。可以将序列符号的结尾标记为 <EOS>。图 11.11 说明了这个过程。循环神经网络解码器的输入序列看起来与解码器的输出序列类似，除了在每个句子末尾有特殊的 <EOS>（序列结束）符号之外，它在前端也有一个特殊的 <GO> 符号。解码器通过这样的方式从左到右读取其输入，它从一开始就没有关于答案的额外信息，这使它成为一个鲁棒的模型。

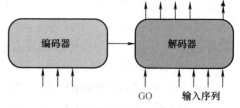

序列到序列模型框架

图 11.11　解码器的输入前缀带有特殊的 <GO> 符号，而输出后缀则带有特殊的 <EOS> 符号

代码 11.14 显示了如何正确地执行这些切片和级联操作。新构造的解码器输入序列将被称为 decoder_input_seq。我们将使用 TensorFlow 的 tf.concat 操作来将矩阵黏合在一起。代码中还定义了 go_prefixes 矩阵，它将是一个只包含 <GO> 符号的列向量。

代码 11.14　为解码器准备输入序列

```
decoder_raw_seq = decoder_output_seq[:, :-1]
go_prefixes = tf.fill([BATCH_SIZE, 1], output_symbol_to_int['<GO>'])
decoder_input_seq = tf.concat([go_prefixes, decoder_raw_seq], 1)
```

（标注）通过忽略最后一列来裁剪矩阵

（标注）创建一个带有〈GO〉符号的列向量

（标注）将〈GO〉向量连接到裁剪矩阵的开头

现在让我们构造解码器单元。如代码 11.15 所示，首先将整数的解码器序列嵌入到称为 `decoder_input_embedded` 的向量序列中。

输入序列的嵌入将被送到循环神经网络的解码器，因此继续创建循环神经网络的解码器单元。此外，还需要一层用来将解码器的输出映射为词汇表的独热表示，我们称之为 `output_layer`。设置解码器的开始阶段类似于编码器。

代码 11.15　解码器嵌入和单元

```
decoder_embedding = tf.Variable(tf.random_uniform([OUTPUT_NUM_VOCAB,
                                                   DECODER_EMBEDDING_DIM]))
decoder_input_embedded = tf.nn.embedding_lookup(decoder_embedding,
                                                decoder_input_seq)

decoder_multi_cell = make_multi_cell(RNN_STATE_DIM, RNN_NUM_LAYERS)

output_layer_kernel_initializer =
    tf.truncated_normal_initializer(mean=0.0, stddev=0.1)
output_layer = Dense(
    OUTPUT_NUM_VOCAB,
    kernel_initializer = output_layer_kernel_initializer
)
```

好吧，这就是事情变得奇怪的地方。现在出现了两种方法来检索解码器的输出：在训练期间和推断过程中。训练解码器将只在训练期间使用，而推理解码器将用于对从未见过的数据进行测试。

有两种方式获得输出序列的原因是，我们在训练期间就可以获得基本事实数据，因此可以使用已知的输出信息来加速学习过程。但是在推理过程中，没有真值输出标签，因此必须只使用输入序列进行推断。

下面的代码 11.16 实现了解码器训练。这里通过 TrainingHelper 将 decoder_input_seq 作为解码器的输入。这个辅助操作实现了循环神经网络解码器的输入。

代码 11.16　解码器输出（训练）

```
with tf.variable_scope("decode"):

    training_helper = tf.contrib.seq2seq.TrainingHelper(
        inputs=decoder_input_embedded,
        sequence_length=decoder_seq_len,
        time_major=False
    )

    training_decoder = tf.contrib.seq2seq.BasicDecoder(
        decoder_multi_cell,
        training_helper,
        encoder_state,
        output_layer
    )
```

```
training_decoder_output_seq, _, _ = tf.contrib.seq2seq.dynamic_decode(
    training_decoder,
    impute_finished=True,
    maximum_iterations=max_decoder_seq_len
)
```

如果希望在测试数据上使用序列到序列模型获得输出，则将无法访问 decoder_input_seq。这是因为解码器的输入序列来自于解码器的输出序列，而前者仅可用于训练数据集。

下面的代码 11.17 实现了推理实例的解码器输出操作。这里，我们将使用辅助操作来给解码器输入一个输入序列。

代码 11.17 解码器输出（推断）

```
with tf.variable_scope("decode", reuse=True):
    start_tokens = tf.tile(
        tf.constant([output_symbol_to_int['<GO>']],
                    dtype=tf.int32),
        [BATCH_SIZE],
        name='start_tokens')

    inference_helper = tf.contrib.seq2seq.GreedyEmbeddingHelper(
        embedding=decoder_embedding,
        start_tokens=start_tokens,
        end_token=output_symbol_to_int['<EOS>']
    )

    inference_decoder = tf.contrib.seq2seq.BasicDecoder(
        decoder_multi_cell,
        inference_helper,
        encoder_state,
        output_layer
    )

    inference_decoder_output_seq, _, _ = tf.contrib.seq2seq.dynamic_decode(
        inference_decoder,
        impute_finished=True,
        maximum_iterations=max_decoder_seq_len
    )
```

推断过程的辅助者

基本解码器

使用解码器执行动态解码

使用 TensorFlow 的 sequence_loss 方法计算代价。需要访问推断解码器输出序列和真实输出序列。下面的代码 11.18 定义了代价函数。

代码 11.18 代价函数

为了方便重命名张量

```
training_logits =
    tf.identity(training_decoder_output_seq.rnn_output, name='logits')
inference_logits =
    tf.identity(inference_decoder_output_seq.sample_id, name='predictions')
```

```
masks = tf.sequence_mask(
    decoder_seq_len,
    max_decoder_seq_len,
    dtype=tf.float32,
    name='masks'
)

cost = tf.contrib.seq2seq.sequence_loss(
    training_logits,
    decoder_output_seq,
    masks
)
```

创建sequence_loss的权重

使用TensorFlow的内置序列损失函数

最后，我们调用优化器来最小化代价。但会用到一个以前从未见过的技巧。在像这样的深层网络中，需要限制极端的梯度变化，以确保梯度不会发生太大的变化，这种技术称为**梯度裁剪**。代码 11.19 显示了如何做到这一点。

> **练习 11.5**
> 尝试没有梯度裁剪的序列到序列模型，并体会它们之间的差异。
> **答案**
> 没有梯度裁剪，有时网络调整梯度太多，导致数值不稳定。

代码 11.19　调用优化器

```
optimizer = tf.train.AdamOptimizer(LEARNING_RATE)

gradients = optimizer.compute_gradients(cost)
capped_gradients = [(tf.clip_by_value(grad, -5., 5.), var)
                    for grad, var in gradients if grad is not None]
train_op = optimizer.apply_gradients(capped_gradients)
```

梯度裁剪

这样就完成了序列到序列模型的实现。通常，在设置了优化器后，模型已经准备好接受训练，如前面代码所示。我们可以创建一个会话，并用成批训练数据运行 `train_op` 函数来学习模型参数。

哦，对了，我们还需要从某个地方训练数据！如何获得成对的输入和输出句子？不要害怕，下一节完全涵盖了这一点。

11.5　收集对话数据

康奈尔电影对话语料库（http://mng.bz/W28O）是收集了 600 多部电影中的 220000 个对话的数据集。可以从官方网页下载 zip 文件。

> **警告**　因为数据量很大，所以训练算法需要很长时间。如果 TensorFlow 库的配置为仅使用 CPU，则可能需要一整天的时间来训练。在 GPU 上，训练这个网络可能需要 30min 到一个小时。

两个人（A 和 B）之间来回对话的一个小片段的例子如下。

A：他们没有！

B：他们也是！

A：好的。

因为聊天机器人的目标是对每一个可能的输入话语产生智能输出，所以我们要根据会话对的结构来构造训练数据。在该示例中，对话生成下列输入和输出语句对：

- "他们没有！"→"他们也是！"
- "他们也是！"→"好的"。

为了方便起见，我们已经处理了数据，并把它放在了网上。可以在 www.manning.com/books/machine-learning-with-tensorflow 或 http://mng.bz/wWo0 中找到它。下载完成后，就可以运行下面的代码 11.20，该代码使用的 load_sentences 辅助函数来自于 GitHub 库中的 Jupyter Notebook 文件 Concept03_seq2seq.ipynb。

代码 11.20　训练模型

将输入语句加载为字符串列表 / 以相同的方式加载相应的输出语句

```
input_sentences = load_sentences('data/words_input.txt')
output_sentences = load_sentences('data/words_output.txt')

input_seq = [
    [input_symbol_to_int.get(symbol, input_symbol_to_int['<UNK>'])
        for symbol in line]
    for line in input_sentences
]

output_seq = [
    [output_symbol_to_int.get(symbol, output_symbol_to_int['<UNK>'])
        for symbol in line] + [output_symbol_to_int['<EOS>']]
    for line in output_sentences
]

sess = tf.InteractiveSession()
sess.run(tf.global_variables_initializer())
saver = tf.train.Saver()

for epoch in range(NUM_EPOCS + 1):

    for batch_idx in range(len(input_sentences) // BATCH_SIZE):

        input_data, output_data = get_batches(input_sentences,
                                               output_sentences,
                                               batch_idx)
```

通过字母循环
通过文本行循环
将 EOS 符号附加到输出数据的末尾
通过行循环
保存学习参数
通过轮循环
按批次数循环
获取当前批次的输入和输出对

```
        input_batch, input_lenghts = input_data[batch_idx]
        output_batch, output_lengths = output_data[batch_idx]

        _, cost_val = sess.run(                    在当前批次上
            [train_op, cost],                      运行优化器
            feed_dict={
                encoder_input_seq: input_batch,
                encoder_seq_len: input_lengths,
                decoder_output_seq: output_batch,
                decoder_seq_len: output_lengths
            }
        )

    saver.save(sess, 'model.ckpt')
    sess.close()
```

因为将模型参数保存到一个文件中，所以可以轻松地将其加载到另一个程序中，并通过查询网络来获得对新输入的响应。运行 inference_logits 操作就可以获得聊天机器人的响应。

11.6　小结

在本章中，我们构建了序列到序列网络的真实示例，并将在前面章节中学到的所有TensorFlow 知识投入使用：

- 通过将到目前为止从本书中获得的所有 TensorFlow 知识投入使用，我们构建了一个序列到序列神经网络。
- 学会了如何使用 TensorFlow 嵌入自然语言。
- 使用循环神经网络构建一个更有趣的模型。
- 在对来自电影脚本的对话示例的模型进行训练之后，这个算法能够像聊天机器人一样，从自然语言输入推断自然语言响应。

第12章
效用场景

本章要点
- 通过神经网络进行排序
- 使用 VGG16 进行图像嵌入
- 可视化应用

一个家用真空吸尘器机器人，像 Roomba，需要传感器来"看"世界。处理感知输入的能力使机器人能够调整它们周围世界的模型。在真空吸尘器机器人的例子中，室内的家具可能每天都在变化，因此机器人必须能够适应混乱的环境。

假设你拥有一个未来女佣机器人，它配备了一些基本技能，还具有从人类演示中学习新技能的能力。例如，也许你想教它如何折叠衣服。教机器人如何完成一项新任务是一个棘手的任务。脑海中马上会浮现出一些问题：

- 机器人是否应该模仿人类的动作顺序？这样的过程被称为**模仿学习**。
- 机器人手臂和关节如何与人体姿势相匹配？这种困境通常被称为**对应问题**。

练习 12.1

模仿学习的目标是使机器人再现出演示者的动作序列。这听起来不错，但是这种方法的局限性是什么呢？

答案

模仿人类行为是从人类演示中学习的一种方法。相反，智能体应该识别隐藏在演示背后的目标。例如，当某人折叠衣服时，目标是扁平化和压缩衣服，这是独立于人的手部运动的概念。通过理解人类为什么会产生他们的动作序列，智能体能够更好地学习所教的技能。

在本章中，我们将从人类的示范中建模任务，同时避免模仿学习和对应问题。幸运的是，我们将通过研究一种使用**效用函数**对世界状态进行排序的方法来实现这一目标，该效用函数采用状态并返回表示其可取性的实际值。这样不但可以避开将模仿作为衡量成功与否的标准，而且还可以绕过将机器人的动作集映射到人类行为的复杂功能（对应问题）。

在下一节中，我们将学习如何通过人类演示任务的视频获得世界状态的实现效用函数。学习到的效用函数是偏好模型。

我们将探索教机器人如何折叠衣物的任务。满是褶皱的衣服几乎可以是一种前所未有的配置。如图 12.1 所示，实用程序框架对状态空间大小没有限制。偏好模型专门针对以各种方式折叠 T 恤衫的人的视频进行训练。

效用函数概括了各种状态（褶皱的 T 恤衫在新配置上，折叠的 T 恤衫在熟悉配置上）和重用各类衣服（T 恤衫折叠与裤子折叠）间的知识。

我们可以进一步说明一个好效用函数的实际应用，有以下论点：在真实世界情况下，不是所有的视觉观察都是对学习任务的优化。演示技能的教师可能会执行无关的、不完整的、甚至错误的动作，但人类有能力忽略错误。

当机器人观看人类演示时，我们希望它能够了解实现任务的因果关系。我们的工作是使学习阶段成为交互的，其中机器人可以积极地怀疑人类行为，不断提炼训练数据。

要做到这一点，首先要从少量视频中学习效用函数来排列各种状态的偏好。然后，在机器人通过人类的演示来展示其技能的新实例时，它将会咨询效用函数来验证期望效用已随着时间而增加。最后，机器人中断人类的演示，并询问动作是否是学习技能的关键。

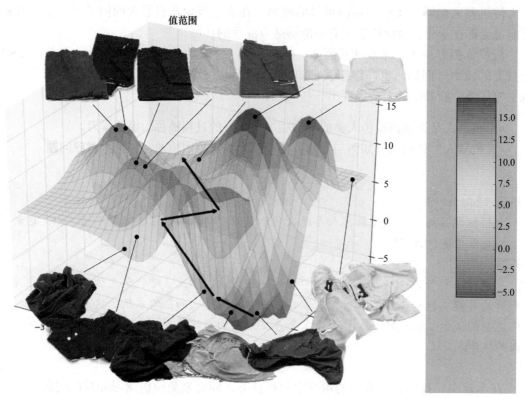

图 12.1 与好折叠的衣服相比，皱褶的衣服处在一个不太有利的状态。这张图显示每一件衣服的各个状态的得分；更高的分数代表一个更可取的状态。

12.1 偏好模型

我们假设人的偏好是从**功利主义**的角度得出的，这意味着一个数字决定了物品的等级。例如，假设你调查了人们对各种食物（如牛排、热狗、基围虾和汉堡）的排序。

图 12.2 显示了两对食物之间可能的排序。正如你所料，牛排在热度上比热狗高，而基围虾比汉堡更高。

通过热度对食物进行排序

牛排   热狗

基围虾   汉堡

图 12.2 这是对象间成对排列的可能集合。具体地说，有四个食物项目，我们想通过热度来对它们进行排序，所以使用两个成对排序决定：牛排是比热狗更美味的食物，而基围虾则是比汉堡更美味的食物。

　　被调查的人是幸运的，并不是每一对项目都需要排序。例如，在热狗和汉堡之间，或者牛排和基围虾之间，这一点可能不那么明显。有很多意见分歧的余地。

　　如果状态 s_1 具有比另一状态 s_2 更高的实用性，则对应排序表示 $s_1 > s_2$，这意味着 s_1 的效用大于 s_2 的效用。每个视频演示都是包含 n 个状态 s_0，s_1，$\cdots$，s_n 的序列，它可以提供 $n(n-1)/2$ 种可能的有序对排序约束。让我们实现对自己的神经网络进行排序。打开一个新的源文件，并使用下面的代码 12.1 导入相关的库。我们将创建一个神经网络来学习基于偏好对的效用函数。

代码 12.1　导入相关的库

```
import tensorflow as tf
import numpy as np
import random

%matplotlib inline
import matplotlib.pyplot as plt
```

　　要学习通过效用分数对状态进行排序的神经网络，就需要训练数据。让我们开始创建虚拟数据。以后会用更现实的东西来代替它。使用代码 12.2 复制图 12.3 中的二维数据。

代码 12.2　生成虚拟训练数据

```
n_features = 2          ← 生成二维数据，这样
                          更便于可视化

def get_data():
    data_a = np.random.rand(10, n_features) + 1    ← 能够产生更高
                                                      效用的一组点
    data_b = np.random.rand(10, n_features)        ← 不太喜欢
                                                      的一组点

    plt.scatter(data_a[:, 0], data_a[:, 1], c='r', marker='x')
    plt.scatter(data_b[:, 0], data_b[:, 1], c='g', marker='o')
    plt.show()

    return data_a, data_b

data_a, data_b = get_data()
```

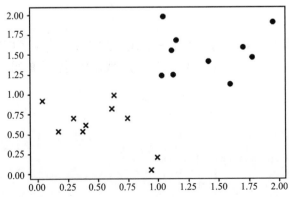

图 12.3　代码 12.2 中所使用的示例数据。圆点代表更有利的状态，而叉表示不太有利的状态。因为数据是成对的，所以有相等数量的圆点和叉；每对都是排序，如图 12.2 所示。

接下来，需要定义超参数。在这个模型中，为了保持简单，依然选择浅层的架构。我们将创建只有一个隐层的网络。决定隐层神经元数目的相应超参数为

```
n_hidden = 10
```

排序神经网络将接收成对输入，因此需要有两个单独的占位符，每一个对应一个占位符。此外，还需要创建一个占位符来保存 dropout 参数值。持续向脚本添加下面的代码 12.3。

代码 12.3　占位符

```
with tf.name_scope("input"):
    x1 = tf.placeholder(tf.float32, [None, n_features], name="x1")
    x2 = tf.placeholder(tf.float32, [None, n_features], name="x2")
    dropout_keep_prob = tf.placeholder(tf.float32, name='dropout_prob')
```

偏好点输入占位符

非偏好点输入占位符

排序神经网络将只包含一个隐层。在下面的代码 12.4 中，将会定义权重和偏差，然后对两个输入占位符中的每一个重复使用这些权重和偏差。

代码 12.4　隐层

```
with tf.name_scope("hidden_layer"):
    with tf.name_scope("weights"):
        w1 = tf.Variable(tf.random_normal([n_features, n_hidden]), name="w1")
        tf.summary.histogram("w1", w1)
        b1 = tf.Variable(tf.random_normal([n_hidden]), name="b1")
        tf.summary.histogram("b1", b1)

    with tf.name_scope("output"):
        h1 = tf.nn.dropout(tf.nn.relu(tf.matmul(x1,w1) + b1),
    keep_prob=dropout_keep_prob)
        tf.summary.histogram("h1", h1)
        h2 = tf.nn.dropout(tf.nn.relu(tf.matmul(x2, w1) + b1),
    keep_prob=dropout_keep_prob)
        tf.summary.histogram("h2", h2)
```

神经网络的目标是计算出所提供的两个输入的得分。在下面的代码 12.5 中，定义了网络输出层的权重、偏置和全连接的体系结构。剩下两个输出向量，s_1 和 s_2，代表成对输入的得分。

代码 12.5　输出层

```
with tf.name_scope("output_layer"):
    with tf.name_scope("weights"):
        w2 = tf.Variable(tf.random_normal([n_hidden, 1]), name="w2")
        tf.summary.histogram("w2", w2)
        b2 = tf.Variable(tf.random_normal([1]), name="b2")
        tf.summary.histogram("b2", b2)
```

```
with tf.name_scope("output"):
    s1 = tf.matmul(h1, w2) + b2       ← 输入x1的效用评分
    s2 = tf.matmul(h2, w2) + b2       ← 输入x2的效用评分
```

假设训练神经网络时，x_1 包含不太有利的项目。这意味着 s_1 的得分应该低于 s_2，这意味着 s_1 和 s_2 之间的差异应该是负的。如下面的代码 12.6 所示，损失函数试图通过使用 softmax 交叉熵损失来保证负差值。这里将会定义一个 train_op 以最小化损失函数。

代码 12.6　损失和优化器

```
with tf.name_scope("loss"):
    s12 = s1 - s2
    s12_flat = tf.reshape(s12, [-1])

    cross_entropy = tf.nn.softmax_cross_entropy_with_logits(
                        labels=tf.zeros_like(s12_flat),
                        logits=s12_flat + 1)

    loss = tf.reduce_mean(cross_entropy)
    tf.summary.scalar("loss", loss)

with tf.name_scope("train_op"):
    train_op = tf.train.AdamOptimizer(0.001).minimize(loss)
```

现在，按照代码 12.7 设置 TensorFlow 会话。这涉及初始化所有变量并使用摘要编写器（Summary writer）准备 TensorBoard 调试。

注意　在第 2 章末尾，第一次被介绍如何使用 TensorBoard 时，我们其实就已经使用了摘要编写器（Summary writer）。

代码 12.7　准备会话

```
sess = tf.InteractiveSession()
summary_op = tf.summary.merge_all()
writer = tf.summary.FileWriter("tb_files", sess.graph)
init = tf.global_variables_initializer()
sess.run(init)
```

我们已经准备好训练网络了！现在就可以对生成的虚拟数据执行 train_op 操作以学习模型的参数（见代码 12.8）。

代码 12.8　训练网络

训练dropout_keep_prob为0.5

```
for epoch in range(0, 10000):
    loss_val, _ = sess.run([loss, train_op], feed_dict={x1:data_a, x2:data_b,
     dropout_keep_prob:0.5})
    if epoch % 100 == 0 :
        summary_result = sess.run(summary_op,
                            feed_dict={x1:data_a,
                                       x2:data_b,
                                       dropout_keep_prob:1})
        writer.add_summary(summary_result, epoch)
```

偏好点

非偏好点

测试dropout_keep_prob
应该总是为1

　　最后，让我们可视化学习到的得分函数。如下面的代码 12.9 所示，并将二维点附加到代码中。

代码 12.9　准备测试数据

```
grid_size = 10
data_test = []
for y in np.linspace(0., 1., num=grid_size):
    for x in np.linspace(0., 1., num=grid_size):
        data_test.append([x, y])
```

通过行循环

通过列循环

　　在测试数据上运行 s_1 以获取每个状态的效用值，并将其可视化，如图 12.4 所示。使用以下代码 12.10 来实现可视化。

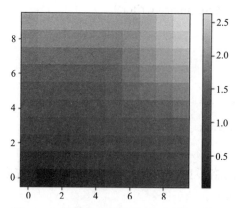

图 12.4　排序神经网络学习后的得分情况

代码 12.10　将结果可视化

计算所有点的效用

```
def visualize_results(data_test):
    plt.figure()
    scores_test = sess.run(s1, feed_dict={x1:data_test, dropout_keep_prob:1})
    scores_img = np.reshape(scores_test, [grid_size, grid_size])
    plt.imshow(scores_img, origin='lower')
    plt.colorbar()

visualize_results(data_test)
```

将效用重新组织成矩阵，这样就可以可以使用Matplotilib来可视化图像

12.2　图像嵌入

在第 11 章中，我们把一些自然语言中的句子提供给神经网络。通过将句子中的单词或字母转换为数字形式（例如向量）来实现此目的。例如，通过使用查找表将每个符号（无论是单词还是字母）嵌入到向量中。

> **练习 12.2**
> 为什么要把通过查找表将符号转换为向量表达式的过程称为嵌入向量？
> **答案**
> 这是因为符号被嵌入到了向量空间中。

幸运的是，图像已经是数字形式。它们被表示为像素矩阵。如果图像是灰度的，则像素可能采用标量值来指示亮度。对于彩色图像，每个像素表示颜色强度（通常为三个：红色、绿色和蓝色）。无论哪种方式，图像都可以通过 TensorFlow 中的数值形式的数据结构（例如张量）来轻松地表示。

> **练习 12.3**
> 拍摄家用物品的照片，例如椅子。将图像逐渐缩小，直到无法再识别出对象。导致图像最终停止缩小的因素是什么？原始图像中的像素数与较小图像中的像素数之比是多少？该比率是数据冗余的粗略度量。
> **答案**
> 典型的 500 万像素摄像机以 2560 像素 ×1920 像素的分辨率生成图像，但当图像被缩小为原来的 1/40（分辨率为 64 像素 ×48 像素）时，该图像的内容可能仍然可以辨认。

为神经网络提供大尺寸 1280 像素 × 720 像素（近 100 万像素）的大图像会增加参数的数量，从而增大过拟合模型的风险。图像中的像素是高度冗余的，因此可以尝试以更简洁的方式捕捉图像的本质。图 12.5 显示了在折叠衣服的图像的二维嵌入中形成的聚类。

值范围

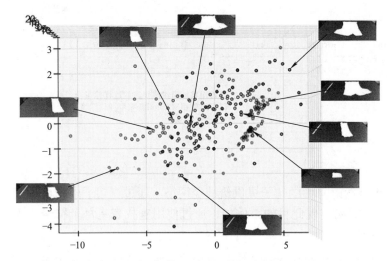

图 12.5　可以将图像嵌入到更低的维度中，例如此处所示的二维。请注意，表示状态相近的 T 恤衫的点出现在附近的聚类中。嵌入图像允许使用排序神经网络来学习各件衣服间的偏好

第 7 章中介绍了如何使用自编码器来降低图像的维数。另一种实现图像低维嵌入的常用方法是使用深度卷积神经网络图像分类器。让我们更详细地探讨后者。

因为设计、实现和学习深度图像分类器不是本章的重点（参见介绍卷积神经网络的第 9 章），所以我们将使用现成的预训练模型。许多与计算机视觉研究有关的论文中经常会引用的图像分类器是 VGG16。

TensorFlow 中有许多 VGG16 的在线实现。我们建议参考 Davi Frossard（www. cs.toronto.edu/~frossard/post/vgg16/）。也可以从他的个人网站下载 TensorFlow 代码 vgg16. py 和预训练模型参数 vgg16_weights.npz，或者从本书英文版的网站（www.manning.com/ books/machine-learning-with-tensorflow）或 GitHub 库（https://github.com/BinRoot/Tensor- Flow-Book）中下载。

图 12.6 是 Frossard 的网站对 VGG16 神经网络的描述。由图可知，它是一个深度神经网络，有许多卷积层。后面几个是通常的全连接层，最后的输出层是 1000 维向量，表示多类分类概率。

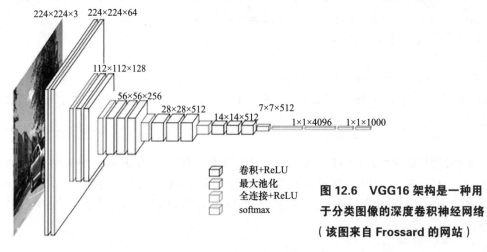

图 12.6　VGG16 架构是一种用于分类图像的深度卷积神经网络（该图来自 Frossard 的网站）

学习如何浏览别人的代码是一项不可或缺的技能。首先，确保已下载 vgg16.py 和 vgg16_weights.npz，并测试是否可以使用 `python vgg16.py my_image.png` 运行代码。

注意　可能需要安装 SciPy 和 Pillow 才能使 VGG16 演示代码无问题地运行，可以通过 pip 下载。

让我们首先添加 TensorBoard 集成，以可视化此代码中发生的事情。在 main 函数中，在创建会话变量 sess 之后，插入以下代码：

```
my_writer = tf.summary.FileWriter('tb_files', sess.graph)
```

现在，再次运行分类器（`python vgg16.py my_image.png`）将生成一个名为 tb_files 的目录，供 TensorBoard 使用。可以运行 TensorBoard 来可视化神经网络的运算图。通过以下命令运行 TensorBoard：

```
$ tensorboard --logdir=tb_files
```

在浏览器中打开 TensorBoard，然后导航到 Graphs 选项卡以查看计算图，如图 12.7 所示。请注意，通过快速浏览可以立即了解网络中涉及的层类型：最后三层是全连接的密集层，分别标记为 fc1、fc2 和 fc3。

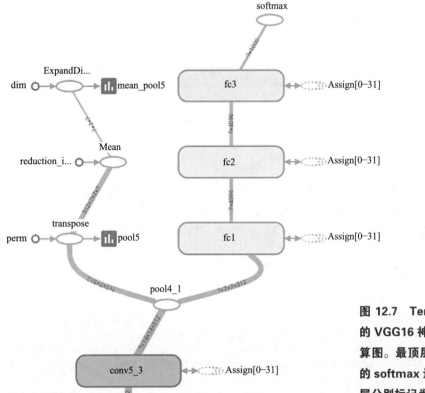

图 12.7　TensorBoard 中显示的 VGG16 神经网络的一部分运算图。最顶层的节点是用于分类的 softmax 运算符。三个全连接层分别标记为 fc1、fc2 和 fc3

12.3 图像排序

使用上一节中的 VGG16 代码来获取图像的向量表示，这样，我们就可以在 12.1 节设计的排序神经网络中有效地对两个图像进行排序。

考虑折叠 T 恤衫的视频，如图 12.8 所示。我们将逐帧处理视频以对图像的状态进行排序。这样，在一种新颖的情况下，算法可以理解是否达成了折叠衣物的目标。

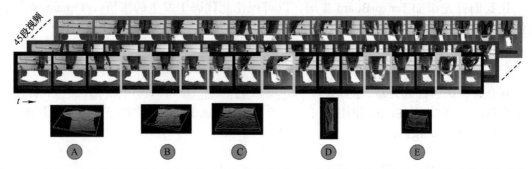

图 12.8 折叠 T 恤衫的视频揭示了衣物随时间的变化形式。可以提取 T 恤衫的第一个状态和最后状态作为训练数据，通过学习效用函数来对状态进行排序。每段视频中 T 恤衫的最终状态应该比视频开始时的 T 恤衫具有更高的效用

首先，从 http://mng.bz/eZsc 下载衣物折叠数据集并解压缩。务必记住解压缩的地方位置，因为代码中将该位置记为 DATASET_DIR。

打开一个新的源文件，首先在 Python 中导入相关的库（见代码 12.11）。

代码 12.11 导入库

```
import tensorflow as tf
import numpy as np
from vgg16 import vgg16
import glob, os
from scipy.misc import imread, imresize
```

对于每段视频，必须记住第一张和最后一张图片。这样，才可以通过假设最后一个图像比第一个图像具有更高的偏好来训练排序算法。换句话说，衣物折叠的最后状态会达到比第一次折叠时价值更高的状态。以下代码 12.12 显示了如何将数据加载到内存中。

代码 12.12 准备训练数据

```
DATASET_DIR = os.path.join(os.path.expanduser('~'), 'res',
    'cloth_folding_rgb_vids')                               ← 下载文件的目录
NUM_VIDS = 45

def get_img_pair(video_id):
    img_files = sorted(glob.glob(os.path.join(DATASET_DIR, video_id,
     '*.png')))
    start_img = img_files[0]                                ← 获取视频的开始和结束图像
    end_img = img_files[-1]
    pair = []
```

加载视频的数量

```
                    for image_file in [start_img, end_img]:
                        img_original = imread(image_file)
                        img_resized = imresize(img_original, (224, 224))
                        pair.append(img_resized)
                    return tuple(pair)

            start_imgs = []
            end_imgs= []
            for vid_id in range(1, NUM_VIDS + 1):
                start_img, end_img = get_img_pair(str(vid_id))
                start_imgs.append(start_img)
                end_imgs.append(end_img)
            print('Images of starting state {}'.format(np.shape(start_imgs)))
            print('Images of ending state {}'.format(np.shape(end_imgs)))
```

运行代码 12.12 会产生以下输出：

```
Images of starting state (45, 224, 224, 3)
Images of ending state (45, 224, 224, 3)
```

使用代码 12.13 为要嵌入的图像创建输入占位符。

代码 12.13　占位符

```
imgs_plc = tf.placeholder(tf.float32, [None, 224, 224, 3])
```

从代码 12.3~ 代码 12.7 中复制排序神经网络的代码；接下来会重复使用它来对图像进行排序。然后在代码 12.14 中准备会话。

代码 12.14　准备会话

```
sess = tf.InteractiveSession()
sess.run(tf.global_variables_initializer())
```

接下来，将通过调用构造函数初始化 VGG16 模型（见代码 12.15）。这样做可以将所有模型参数从磁盘加载到内存。

代码 12.15　加载 VGG16 模型

```
print('Loading model...')
vgg = vgg16(imgs_plc, 'vgg16_weights.npz', sess)
print('Done loading!')
```

然后，让我们为排序神经网络准备训练和测试数据。如代码 12.16 所示，我们将为图像提供 VGG16 模型，然后通过访问输出附近的层（在本例中为 fc1）以获取图像嵌入。最后，我们将拥有 4096 维的图像嵌入。因为总共有 45 段视频，所以要分出一些用于训练，另一些用于测试。

- 训练
  起始帧大小:（33,4096）
  结束帧大小:（33,4096）
- 测试
  起始帧大小:（12,4096）
  结束帧大小:（12,4096）

代码 12.16　准备排序数据

```
start_imgs_embedded = sess.run(vgg.fc1, feed_dict={vgg.imgs: start_imgs})
end_imgs_embedded = sess.run(vgg.fc1, feed_dict={vgg.imgs: end_imgs})

idxs = np.random.choice(NUM_VIDS, NUM_VIDS, replace=False)
train_idxs = idxs[0:int(NUM_VIDS * 0.75)]
test_idxs = idxs[int(NUM_VIDS * 0.75):]

train_start_imgs = start_imgs_embedded[train_idxs]
train_end_imgs = end_imgs_embedded[train_idxs]
test_start_imgs = start_imgs_embedded[test_idxs]
test_end_imgs = end_imgs_embedded[test_idxs]

print('Train start imgs {}'.format(np.shape(train_start_imgs)))
print('Train end imgs {}'.format(np.shape(train_end_imgs)))
print('Test start imgs {}'.format(np.shape(test_start_imgs)))
print('Test end imgs {}'.format(np.shape(test_end_imgs)))
```

准备好排序的训练数据后，让我们执行 train_op 操作 epoch 轮。训练网络后，在测试数据上运行模型以评估结果（见代码 12.17）。

代码 12.17　训练排序网络

```
train_y1 = np.expand_dims(np.zeros(np.shape(train_start_imgs)[0]), axis=1)
train_y2 = np.expand_dims(np.ones(np.shape(train_end_imgs)[0]), axis=1)
for epoch in range(100):
    for i in range(np.shape(train_start_imgs)[0]):
        _, cost_val = sess.run([train_op, loss],
                               feed_dict={x1: train_start_imgs[i:i+1,:],
                                          x2: train_end_imgs[i:i+1,:],
                                          dropout_keep_prob: 0.5})
    print('{}. {}'.format(epoch, cost_val))
    s1_val, s2_val = sess.run([s1, s2], feed_dict={x1: test_start_imgs,
                                                   x2: test_end_imgs,
                                                   dropout_keep_prob: 1})
    print('Accuracy: {}%'.format(100 * np.mean(s1_val < s2_val)))
```

请注意，随着时间的推移精度接近100%。排序模型已经了解到视频末尾出现的图像要比开头出现的图像更有利。

出于好奇，让我们逐帧地看一下视频的效用，如图 12.9 所示。重现图 12.9 的代码需要加载视频中的所有图像，如代码 12.18 所示。

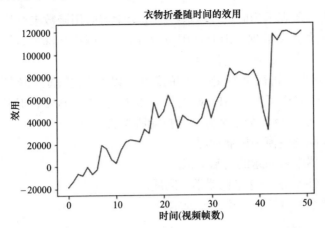

图 12.9　效用随着时间的推移而增加，表明目标正在达成。衣物在视频开头的效用接近于 0，但到最后它会急剧增加到 120000 个单位

代码 12.18　从视频中准备图像序列

```
def get_img_seq(video_id):
    img_files = sorted(glob.glob(os.path.join(DATASET_DIR, video_id,
    '*.png')))
    imgs = []
    for image_file in img_files:
        img_original = imread(image_file)
        img_resized = imresize(img_original, (224, 224))
        imgs.append(img_resized)
    return imgs

imgs = get_img_seq('1')
```

也可以使用 VGG16 模型嵌入图像，然后运行排序网络来计算得分，如下面的代码 12.19 所示。

代码 12.19　计算图像的效用

```
imgs_embedded = sess.run(vgg.fc1, feed_dict={vgg.imgs: imgs})
scores = sess.run([s1], feed_dict={x1: imgs_embedded,
                                   dropout_keep_prob: 1})
```

将结果可视化以重现图 12.9（见代码 12.20）。

代码 12.20　可视化效用得分

```
from matplotlib import pyplot as plt
plt.figure()
plt.title('Utility of cloth-folding over time')
plt.xlabel('time (video frame #)')
plt.ylabel('Utility')
plt.plot(scores[-1])
```

12.4　小结

- 可以通过将对象表示为向量并在这些向量上学习效用函数来对状态进行排序。
- 由于图像包含冗余数据，因此使用 VGG16 神经网络来降低数据的维度，以便可以将排序网络与真实图像一起使用。
- 学习如何在视频中可视化图像随时间的效用，以验证视频演示确实提高了衣物的效用。

至此，我们已经完成了 TensorFlow 之旅！本书的 12 章从不同角度探讨了机器学习；但是把它们结合在一起，就学会了掌握这些技能所需的概念：

- 将任意现实问题建模为机器学习。
- 了解许多机器学习问题的基础知识。
- 使用 TensorFlow 解决这些机器学习问题。
- 可视化机器学习算法，并说出专业术语。

12.5　下一步

因为本书中讲授的概念是基本不变的，所以代码也应该是。为了确保最新的库调用和语法，我们在 https://github.com/BinRoot/TensorFlow-Book 上管理 GitHub 库。请读者随时加入社区并提交错误或向我们发送拉取请求。

> **提示**　TensorFlow 处于快速发展状态，因此可以随时提供更多功能！

如果你渴望得到更多 TensorFlow 教程，我们确切地知道你可能感兴趣的内容。

- **强化学习**（Reinforcement Learning，RL）：Arthur Juliani 在 TensorFlow 中使用强化学习的深度博客文章（http://mng.bz/C17q）。
- **自然语言处理**（Natural Language Processing，NLP）：作为 NLP 现代神经网络架构的基本 TensorFlow 指南，由 Thushan Ganegedara 撰写（http://mng.bz/2Kh7）。
- **生成对抗网络**（Generative Adversarial Networks，GAN）：由 AYLIEN 的 John Glover 撰写的对机器学习中的生成与判别模型（使用 TensorFlow）的入门研究（http://mng.bz/o2gc）。
- **Web 工具**：具有简单神经网络的修补程序，而且可以将数据流可视化（http://playground.tensorflow.org）。
- **视频课程**：使用 TensorFlow 的基本介绍和实操演示，这些都来自于 Google Cloud 的大数据和机器学习博客（http://mng.bz/vb7U）。
- **开源项目**：跟踪最近更新的 TensorFlow 在 GitHub 上的项目：http://mng.bz/wVZ4。

附 录 安 装

可以通过几种方式安装 TensorFlow。除非另有说明，否则本书假定每章中使用的都是 Python 3。代码遵循 TensorFlow v1.0，但 GitHub 上附带的源代码将始终与最新版本（https:// github.com/BinRoot/TensorFlow-Book/）保持同步。本附录介绍了适用于各种平台（包括 Windows）的安装方法。如果读者熟悉基于 UNIX 的系统（例如 Linux 或 macOS），请随意 使用官方文档中的一种安装方法：www.tensorflow.org/get_started/os_setup.html。

不用多说，让我们使用 Docker 容器安装 TensorFlow。

A.1 使用 Docker 安装 TensorFlow

Docker 是一个用于打包软件依赖关系的系统，以保证每个用户的安装环境相同。这种 标准化操作有助于限制计算机之间的不一致。这是一项相对较新的技术，让我们来看看如 何使用它。

> **提示** 除了使用 Docker 容器之外，还可以通过多种方式安装 TensorFlow。有 关安装 TensorFlow 的更多详细信息，请访问官方文档：www.tensorflow.org/get_ started/os_setup.html。

A.1.1 在 Windows 上安装 Docker

Docker 仅适用于启用了虚拟化的 64 位 Windows（7 或更高版本）系统。幸运的是，大 多数用户的笔记本和台式机都很容易满足这一要求。要检查计算机是否支持 Docker，请打 开"控制面板"，单击"系统和安全"，然后单击"系统"。在这里，可以看到有关 Windows 机器的详细信息，包括处理器和系统类型。如果系统是 64 位，就可以安装。

下一步是检查处理器是否支持虚拟化。在 Windows 8 或更高的版本上，可以打开任务 管理器（快捷键为 <Ctrl+Shift+Esc>）并单击"性能"（Performance）选项卡。如果"虚拟 化"显示为"已启用"，则说明已完成设置（见图 A.1）。对于 Windows 7 而言，应该使用 Microsoft 硬件辅助虚拟化检测工具（http://mng.bz/cBlu）。

既然已经知道了计算机是否可以支持 Docker，那么让我们通过 www.docker.com/prod- ucts/docker-toolbox 下载 Docker 工具箱。运行已下载的安装程序可执行文件，然后单击对话 框中的"下一步"接受所有默认值。安装完工具箱后，运行 Docker Quickstart 终端。

A.1.2 在 Linux 上安装 Docker

Docker 在几个 Linux 发行版上得到了官方支持。官方 Docker 文档（https://docs.docker. com/engine/installation/linux/）包含 Arch Linux，CentOS，CRUX Linux，Debian，Fedora,

Frugalware，Gentoo，Oracle Linux，Red Hat Enterprise Linux，openSUSE 和 Ubuntu 的教程。Docker 是在 Linux 中诞生的，因此安装它通常没有问题。

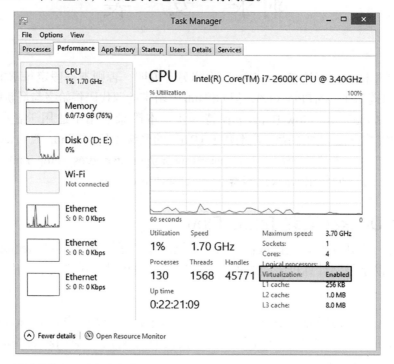

图 A.1　确保 64 位的计算机已启用虚拟化

A.1.3　在 macOS 上安装 Docker

Docker 适用于 macOS 10.8 Mountain Lion 或更新版本。通过 www.docker.com/products/docker-toolbox 下载 Docker 工具箱。完成安装后，从 Applications 文件夹或 Launchpad 中打开 Docker Quickstart 终端。

A.1.4　如何使用 Docker

运行 Docker Quickstart 终端。接下来，在 Docker 终端中使用以下命令启动 TensorFlow 二进制映像，如图 A.2 所示。

```
$ docker run -p 8888:8888 -p 6006:6006 b.gcr.io/tensorflow/tensorflow
```

现在可以通过本地 IP 地址从 Jupyter Notebook 访问 TensorFlow。可以使用 docker-machine ip 命令找到 IP，如图 A.3 所示。

打开浏览器并导航到"http:// ＜本人的 IP 地址 ＞:8888"以开始使用 TensorFlow。在我们的例子中，URL 是"http://192.168.99.100:8888"。图 A.4 显示了通过浏览器访问的 Jupyter Notebook。

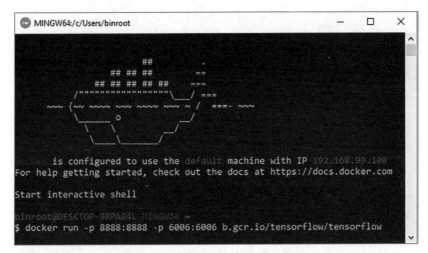

图 A.2 运行官方 TensorFlow 容器

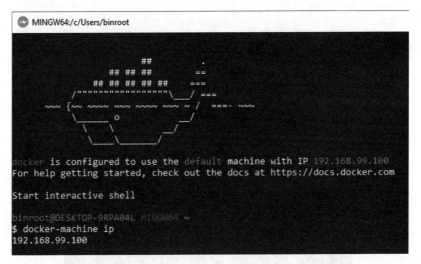

图 A.3 Docker 的 IP 地址可以使用 `docker-machine ip` **命令找到，也可以在由 ASCII 码组成的鲸鱼下方的介绍文本中找到**

也可以按 <Ctrl+C> 或关闭终端窗口以停止运行 Jupyter Notebook。要重新运行它，请再次按照本节中的步骤操作。

如果运行过程中遇到如图 A.5 所示的错误消息，则 Docker 就会在该端口上使用一个应用程序。

要解决此问题，可以切换端口或退出被干扰的 Docker 容器。图 A.6 显示了如何使用 `docker ps` 命令列出所有容器，然后使用 `docker kill` 命令终止容器。

图 A.4 可以通过名为 Jupyter 的 Python 接口与 TensorFlow 进行交互

```
binroot@DESKTOP-9RPA04L MINGW64 ~
$ docker run -p 8888:8888 -p 6006:6006 b.gcr.io/tensorflow/tensorflow
C:\Program Files\Docker Toolbox\docker.exe: Error response from daemon:
driver failed programming external connectivity on endpoint tender_allen
 (ab6dcf2455a5704f8f2911ac53ea946deb3ed939864c30e8fe867c2f5c88a63d): Bin
d for 0.0.0.0:8888 failed: port is already allocated.
```

图 A.5 运行 TensorFlow 容器时可能出现的错误消息

```
binroot@DESKTOP-9RPA04L MINGW64 ~
$ docker ps
CONTAINER ID        IMAGE
62904e0a4489        b.gcr.io/tensorflow/tensorflow

binroot@DESKTOP-9RPA04L MINGW64 ~
$ docker kill 62904e0a4489
62904e0a4489
```

图 A.6 列出并终止 Docker 容器以消除图 A.5 中的错误消息

A.2 安装 Matplotlib

Matplotlib 是一个跨平台的 Python 库，可用于绘制数据的二维可视化。通常，如果计算机可以成功运行 TensorFlow，那么安装 Matplotlib 也应该没有问题。读者可以按照 http://matplotlib.org/users/installing.html 上的官方文档进行安装。